图　6-15

图　3-17

图　3-54

图　3-64

图　3-18

图　3-70

图 3-28

图 3-44

图 8-46

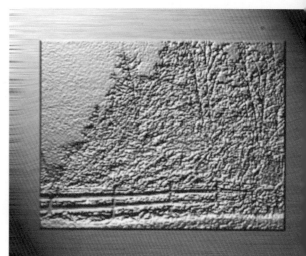

图 4-56

图 3-87

图　2-77

图　3-63

图　4-1

图　2-65

图　3-115

图　3-31

图 4-18

图 4-49

图 5-62

图 6-38

图 5-70

图 2-99

职业教育"十二五"规划教材——计算机类专业

Photoshop 实用案例教程

第 2 版

主　编　唐秀菊　冯建忠

副主编　徐冬妹

参　编　曲连国　李　娟　吴兆慧

主　审　张金波

机械工业出版社

本书是 2007 年出版《Photoshop 实用案例教程》的修订版。全书共分 8 章，全面系统地介绍了 Photoshop CS5 的各种功能特性及使用方法。前 7 章以典型实例为主线，详细阐述了该软件的使用方法，对实践具有较大的指导作用。第 8 章在平面设计、室内设计效果图后期处理和摄影作品后期处理等方面，用具有代表性的个案，以综合项目实训的方式进行提高和升华。为方便学生学习，本书的每一章节后还布置了相关的课后练习，以巩固所学知识。

　　本书内容丰富，图文并茂，结构明了；突出了知识的实用性和内容的易学性；具有全面、系统和实用的特点。为方便教师教学和学生学习，本书还提供了配套光盘，光盘中包含了辅助教学的电子课件、素材、源文件及视频教程。

　　本书既可作为职业院校计算机电脑美术设计及相关专业的教材，也可作为中级培训教材或电脑爱好者的专业参考书。

图书在版编目（CIP）数据

Photoshop 实用案例教程/唐秀菊，冯建忠主编. —2 版. —北京：机械工业出版社，2012.8
（2017.1 重印）

职业教育"十二五"规划教材. 计算机类专业
ISBN　978-7-111-39611-6

Ⅰ．①P… Ⅱ．①唐… ②冯… Ⅲ．①图像处理软件—职业教育—教材 Ⅳ．①TP391.41

中国版本图书馆 CIP 数据核字（2012）第 205667 号

机械工业出版社（北京市百万庄大街 22 号　邮政编码 100037）
策划编辑：梁　伟　　责任编辑：蔡　岩
责任校对：王　欣　　封面设计：马精明
责任印制：乔　宇
三河市国英印务有限公司印刷
2017 年 1 月第 2 版第 7 次印刷
184mm×260mm・15.5 印张・2 插页・388 千字
标准书号：ISBN　978-7-111-39611-6
　　　　　ISBN　978-7-89433-648-4（光盘）
定价：39.00 元（含 1DVD）

第2版前言

本书第1版自2007年10月出版后，受到广大读者好评，至今已印刷多次。为了更好地发挥示范专业教材的作用，我们对全书内容进行了修订和补充。

本次再版对原教材进行了较大的改动。使用的软件由原书的 Photoshop CS2 升级为目前最高的版本 Photoshop CS5，并通过一系列的实例对 CS5 版本的新功能作了较全面的介绍，尤其对第6章进行了全面更换，将原书中对"色彩管理与打印"知识的介绍换为 CS5 版中"3D的使用"，全面、系统地介绍了三维图像设计技巧在 Photoshop 软件中的使用。各章的具体修订内容如下：

第1章删减了一些很普遍的理论描述，增加了对 CS5 版本新功能的介绍。

第2章删去了原来的"奥运五环"实例，将其调整为"光盘"实例，在简化操作过程的同时，使初学者轻松掌握和灵活运用选区的编辑；增加了"快速选择工具和操控变形"等新功能的实例训练。

第3章删去了几个不常用的工具的实例训练，增加了"混合画笔工具、内容识别、拼合全景图和新景深的混合应用"几个新功能且较实用的实例训练。在这一章中对文字工具的使用也进行了较大的改动，改动后的几个实例更加贴近生活。

第4章增加了对"颜色范围和蒙版边缘"新功能的实例训练；在通道知识的训练中增加了对"内容识别比例"知识的描述和训练。

第7章中的动画和网页部分的知识变化都很大，根据新版软件的功能，对网页部分的训练进行了适当的删减，强化了对动画知识的训练。在动画部分的训练中强调了导入视频动画的制作方法和时间轴动画的制作方法。

本书主要通过典型实例来介绍 Photoshop CS5 的具体功能应用和使用技巧。具体实例既贴近实际，又与所学知识紧密联系，让读者对抽象的工具及参数有更直观、更清晰的认识和理解；介绍实例需掌握的知识点，使读者对所用到的知识更明确。本书讲解步骤分明，由简入繁，使初学者能够更好地使用 Photoshop CS5 软件的各项功能；实例知识点讲解更是对该软件在理论上的最好诠释；课后练习是配合所学知识的巩固与提高。特别是第8章的综合项目实训是由项目分析、项目操作过程、课后练习组成，注重实践中的应用，同时体现了知识的完整性和系统性，使学生学习后可以尽快胜任岗位工作。全书基本上涉及了应用 Photoshop 进行图像处理的各个方面，读者通过对本书的认真学习，可以比较全面、迅速地掌握 Photoshop 这个强有力的图形、图像编辑处理工具。

本书由唐秀菊、冯建忠任主编，徐冬妹任副主编，曲连国、李娟、吴兆慧参加编写，由张金波任主审。其中唐秀菊编写了第4章、第6章和第8章的8.1节；徐冬妹编写了第3章的3.1～3.4节和第8章的8.4节；曲连国编写了第1章和第5章；李娟编写了第2章和第7章；吴兆慧编写了第3章的3.5节和第8章的8.2、8.3、8.5节。

由于编者水平有限，书中难免有疏漏之处，恳请读者批评指正。

编　者

第1版前言

Photoshop CS2 是美国 Adobe 公司出品的一款功能强大的图形图像处理软件，是当前平面设计领域最流行、使用最广泛的软件之一，主要应用于平面广告设计、网页图形制作、室内效果图后期处理和摄影作品后期效果处理等领域。Photoshop CS2 与以前的版本比较起来，其功能有所增强，界面也有了显著的改观。

本书主要通过典型实例来介绍 Photoshop CS2 的具体功能应用和使用技巧。第 1 章介绍了有关图形处理的基本概念与工作环境；第 2 章通过对基本工具的使用介绍了 Adobe Photoshop CS2 的基础知识；第 3 章介绍了图像编辑的有关知识；第 4 章详细介绍了蒙版、通道和动作；第 5 章介绍了滤镜的使用效果与图层组的运用；第 6 章介绍了色彩管理与打印；第 7 章是联合使用 Photoshop CS2/Image Ready CS2 制作网页和动态图像；第 8 章是训练学生综合应用能力的综合项目实训。

本书讲解步骤分明，由简入繁，使初学者能够更好地使用 Photoshop CS2 软件的各项功能；实例知识点讲解更是对该软件在理论上的最好诠释；课后练习是配合所学知识的巩固与提高。特别是第 8 章的综合项目实训是由项目分析、项目操作过程、课后练习组成，注重实践中的应用，同时体现了知识的完整性和系统性，使学生学习后能够尽快胜任岗位工作。本书涉及到了应用 Photoshop 进行图像处理的各个方面，读者通过对本书的认真学习，可以全面、迅速地掌握 Photoshop 这个强有力的图形和图像编辑处理工具。

为了方便教师教学与学生学习，本书配套光盘中还提供了辅助教学的电子教案、素材及视频教程，读者可以根据自己需要选择使用。

本书由唐秀菊、冯建忠担任主编并进行统稿，张金波担任主审。其中，唐秀菊编写了第 4 章和第 8 章的 8.1 节，徐冬妹编写了第 3 章的 3.1～3.5 节和第 8 章的 8.4 节，曲连国编写了第 1 章、第 5 章、第 6 章和第 8 章的 8.5 节，李娟编写了第 2 章和第 7 章，李俊卿编写了第 3 章的 3.6 节和第 8 章的 8.2 节、8.3 节。由于编者的水平有限，不足之处在所难免，恳请广大读者批评指正。

编　者

目　　录

第 1 章　Adobe Photoshop CS5 入门

学习目标

1）了解矢量图和点阵图的概念。
2）掌握图像分辨率的概念和按需设置图像分辨率。
3）Photoshop 工作环境与文件操作。
4）Photoshop CS5 的新增功能。

1.1　基本概念

在使用 Photoshop CS5 之前，正确认识图像的概念以及 Photoshop CS5 与图像之间的关系是非常重要的，只有正确把握这两者之间的关系，才能更好地运用 Photoshop CS5 创作出优秀的作品。

1.1.1　关于矢量图和点阵图

计算机可以处理的图形主要划分为两大类：矢量图形和点阵图形。Photoshop 既可以处理矢量图也可以处理点阵图，了解这两种图形之间的差异，对创建、编辑和导入图片都有很大的帮助，所以只有透彻理解二者各自的特点，才能更好地运用它们。

1. 位图图像

位图图像使用图片元素的矩形网格（像素）表现图像。每个像素都分配有特定的位置和颜色值。在处理位图图像时，所编辑的是像素，而不是对象或形状。位图图像是连续色调图像（如照片或数字绘画）最常用的电子媒介，因为它们可以更有效地表现阴影和颜色的细微层次。位图图像与分辨率有关，也就是说，它们包含固定数量的像素。因此，如果在屏幕上以高缩放比率对它们进行缩放或以低于创建时的分辨率来打印它们，则将丢失其中的细节，并会呈现出锯齿，如图 1-1 所示。位图图像有时需要占用大量的存储空间，在某些 Creative Suite 组件中使用位图图像时，通常需要对其进行压缩以减小文件大小。例如，将图像文件导入布局之前，要先在其原始应用程序中压缩该文件。

图 1-1　不同分辨率图像对比

2. 矢量图形

矢量图形是用称之为向量的直线或曲线来描绘图像，这些用来描绘图像的直线和曲线是用数学公式来定义的，其中的各个元素都是根据图形的几何特性进行具体描述的。对矢量图形的编辑，就是修改构筑该图形的直线和曲线。你可以移动、缩放、重塑一个矢量图形，包括更改它的颜色，所有这些操作都不会改变该矢量图形的品质。矢量图形具有分辨率独立性，就是说矢量图形可以在不同分辨率的输出设备上显示，却不会改变图像的品质。因此，矢量图的优点是占用的空间小，且放大后不会失真，是表现标志图形的最佳选择。但是，图形的缺点也很明显，就是它的色彩比较单调。图 1-2 和图 1-3 就是矢量图形原图和扩大后的效果图，我们可以一目了然地发现它的特点（在 Word 中通过插入可以很容易实现）。

图 1-2　原图

图 1-3　放大后

1.1.2　图像分辨率

提起分辨率大家一定不会陌生，显示器、打印机、扫描仪等都会涉及这个概念，许多人想当然地把这些分辨率混为一谈而不加以区别，其实这些分辨率之间存在着相当大的差异。分辨率是指单位长度内包含的像素数目。根据涉及对象的不同，分辨率表达的含义也会有所不同。以扫描仪为例，扫描仪的分辨率越高则解析图像的能力越强，扫描出来的图像也越接近于原件，扫描分辨率的单位是 ppi（Pixel per Inch），即每英寸能解析像素的个数。而从打印机的角度来看，分辨率越高则再现原件的能力越强，打印出来的图像越细致，同时也越接近于原件，打印分辨率的单位是 dpi（Dot per Inch），即每英寸可以填充的打印点数。正是因为分辨率之间存在着这种差异，因此在研究分辨率时一般将它分成如下 3 种类型。

1）输入分辨率：包括扫描仪分辨率、数码相机分辨率等。

2）输出分辨率：包括打印机分辨率、投影仪分辨率等。

3）显示分辨率：则包括屏幕分辨率、电视分辨率等。

这几种分辨率之间是相互关联的，如扫描图片，这首先涉及到输入分辨率；然后通过屏幕呈现出来，这又涉及到显示分辨率；最后用打印机将图像打印出来，这便涉及到输出分辨率。扫描质量的好坏直接关系到最后的打印质量，如果用一台低档的扫描仪扫描，那么就算打印机分辨率再高也得不到高质量的图片。如何正确理解这些分辨率的含义呢？其中的关键是把握住像点（Dot）和像素（Pixel）之间的区别，在分辨率中这是两个非常容易混淆的概念，像点可以说是硬件设备中最小的显示单位，而像素则不是，像素既可以代表一个点，也可以是多个点的集合。当每个像素只代表一个像点时，就可以在两者之间画上等号；不过在大多数情况下，两者之间是完全不同的。如用一台 300dpi 打印机打印一张分辨率为 1ppi 的图片，此时图片中的每一个像素在打印时都对应了 300×300 像点。

对于图像处理中的扫描输入而言，首先要确定扫描获取的图像用途，根据用途不同来决定应该选用的扫描分辨率。如果扫描获取的图像是作为屏幕显示使用，那么 72ppi 的分辨率就够用了，因为这等同于显示器的分辨率。而用于打印输出的图像，一般来说 200ppi 就可以满足打印的基本需求，若用于打印高精度印刷品，例如海报或 DM 单商业广告则需要不低于 300ppi 的分辨率。

图像文件大小与图像分辨率成正比，如果保持图像尺寸不变，将其图像分辨率提高为原来的 2 倍，则其文件大小增大为原来的 4 倍。例如原图像的文件大小为 22KB，图像分辨率为 72ppi，保持图像尺寸不变，用图像处理软件提高其图像分辨率到 144ppi，这时文件大小变为 87KB 左右。图像分辨率也影响到图像在屏幕上的显示大小。如果在一台设备分辨率为 72dpi 的显示器上将图像分辨率从 72ppi 增大到 144ppi（保持图像尺寸不变），那么该图像将以原图像实际尺寸的两倍显示在屏幕上。一般来说，在相同打印尺寸下，扫描分辨率越高的图像，所包含的图像信息越多，图像也越清晰。如图 1-4 和图 1-5 所示就是两幅相同的图像在不同分辨率下放大 200% 的效果。

图 1-4　72ppi 放大后效果

图 1-5　300ppi 放大后效果

会产生这样的效果是由于 Photoshop 会自动以内插像素的方式来增加图像的显示面积，根据相邻像素色调的平均值产生中间像素，由于 Photoshop 改变了图像信息，造成图像质量下降，因此不能采取这种方式来获取高分辨率的图像。要想得到更高分辨率的图像，只能以更高分辨率进行扫描。

若要对一幅扫描的图像以更高分辨率使用，可以通过增加分辨率的同时减小实际打印尺寸的方法。在 Photoshop 中执行"图像"→"图像大小"命令，打开"图像大小"对话框，如图 1-6 所示。

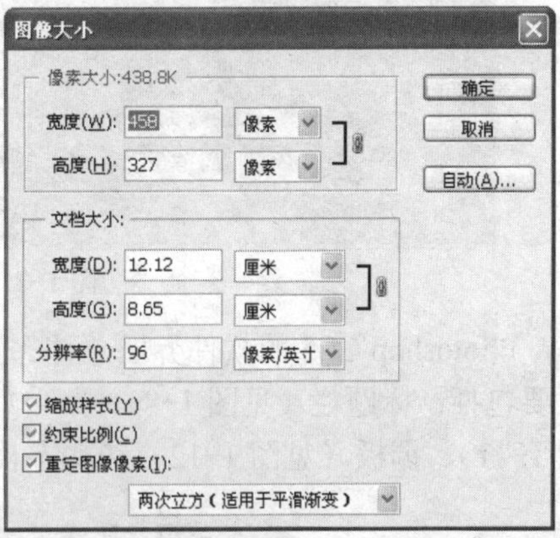

取消对话框中默认的"重定图像像素"选项，对比发现，分辨率越高，打印尺寸越小，图像中的

图 1-6　"图像大小"对话框

3

有效像素由于被锁定没有发生改变，由此可见，要想打印一幅固定大小的图像并要求更高的分辨率，必须通过扫描仪获取一幅更大尺寸的图像。

1.2 Photoshop CS5 的工作界面与运行环境

Photoshop CS5 在 Windows 操作系统下的安装基本配置要求如下：Intel Pentium 4 或 AMD Athlon 64 处理器；至少 1GB 内存；Microsoft Windows XP（带有 Service Pack 3）或者 Windows Vista Home Premium、Business、Ultimate 或 Enterprise（带有 Service Pack 1，推荐 Service Pack 2）或者 Windows 7；1024 ×768 屏幕分辨率（推荐 1280×800），配备符合条件的硬件加速 OpenGL 图形卡、16 位颜色和 256MB VRAM，某些 GPU 加速功能需要 Shader Model 3.0 和 OpenGL 2.0 图形支持；DVD-ROM 驱动器；多媒体功能需要 QuickTime 7.6.2 软件；在线服务需要 Internet 连接。

1.2.1 Photoshop CS5 的工作界面

中文版 Photoshop CS5 安装完成后，单击"开始"→"所有程序"→"Adobe"→"Adobe Photoshop CS5"命令，即可打开 Photoshop CS5 程序进入其工作环境，如图 1-7 所示。

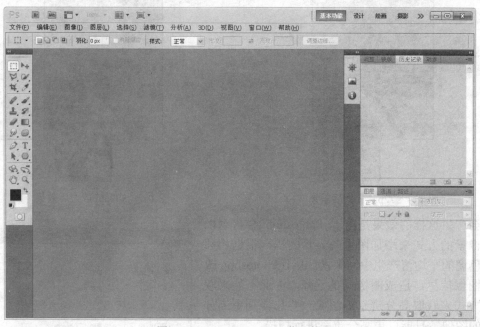

图 1-7　Photoshop CS5 工作环境

Photoshop CS5 的软件界面总体布局一目了然，并且与典型的 Windows 应用程序很相似，主要包括：标题栏（见图 1-8）、菜单栏（见图 1-9）、工具选项栏（见图 1-10）、工具箱（见图 1-11）、调板（见图 1-12）和状态栏（见图 1-13）等。

图 1-8　标题栏

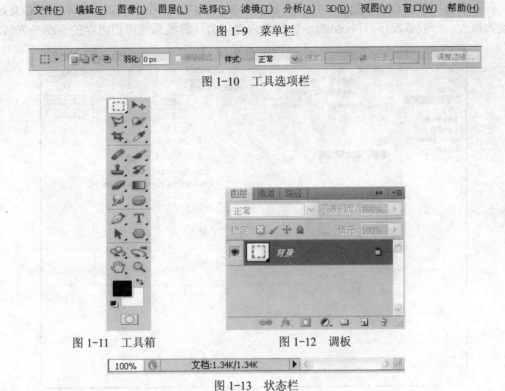

图 1-9　菜单栏

图 1-10　工具选项栏

图 1-11　工具箱　　　　　图 1-12　调板

图 1-13　状态栏

窗口中的灰色区域即是 Photoshop 桌面，用于容纳工具箱、调板和图像窗口。对于工具箱、工具选项栏、调板，可以通过拖动来改变它们的摆放位置；可以通过按<Tab>键来显示/隐藏工具箱、调板和工具选项栏。

图像窗口是 Photoshop 操作的对象，新建、打开、保存及关闭图像的操作是 Photoshop 图像处理的第一步工作。下面将介绍图像文件的基本操作。

1.2.2　定制和优化 Photoshop 工作环境

在编辑图像时，往往根据计算机的配置和用户的需要来设置 Photoshop 的内存分配和操作环境，以便能更好、更方便地编辑图像。Photoshop 处理图像时对内存的要求很高，通常为当前处理图形文件大小的 5 倍以上。在广告设计中，经常会碰到需要处理高精度图像的情况，这些文件有几十兆甚至高达数百兆，这对配置较低的机器来说，运行起来比较困难。因此，适当采取优化措施，对 Photoshop 运行环境做适当合理的设置，可以达到提高 Photoshop 执行效率的目的。

1. 设置"性能"选项卡

1）执行"编辑"→"首选项"→"性能"命令，打开"性能"对话框，如图 1-14 所示。

2）在"内存使用情况"栏中，可以通过滑块调整或者直接手工输入来设定内存的使用率，其设定范围在 8%～100%。

3）在"高速缓存级别"文本框中可以输入的有效数值为 1～8，数值越大，屏幕刷新越快，但缓存占用的内存也就越多，用户要根据计算机的内存大小来设定，若系统内存充足，应设为最大，一般情况下，Photoshop 使用的内存应为计算机系统可用内存的 50%～70%。

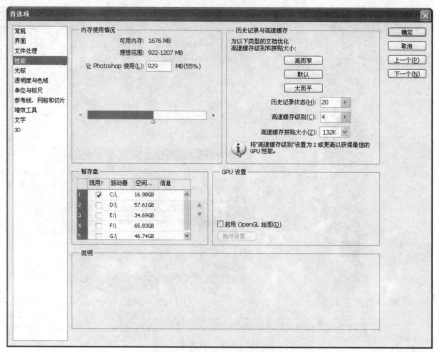

图 1-14 "性能"对话框

4）"历史记录状态"是用来设定"历史记录"面板中能保留的历史记录状态的最大数量，最大值为"1000"。

5）"暂存盘"是为了解决当内存较小时，内存不足，使硬盘上的一部分空间形成虚拟内存而设置的。我们选择四个不同位置的暂存盘，当内存不够时，可顺序使用用户设置的暂存盘，但是无论是否使用暂存盘，暂存盘的自由空间必须大于 Photoshop 的可用内存空间，因为 Photoshop 会在等待状态时将整个内存的内容写在暂存盘里。最好单独将一个足够大的磁盘分区作为暂存盘，不要使用多个暂存盘，不要与系统交换文件位于同一分区中，以便获得更高的性能。

6）在"CPU 设置"中，勾选"启用 OpenGL 绘图"。OpenGL 是个专业的图形程序接口，是一个功能强大，调用方便的底层图形库。在支持 OpenGL 的系统上打开、移动和编辑 3D 模型时，性能将显著提高，当系统启动 OpenGL 功能时可正确显示 3D 轴。

2．设置"文件处理"选项卡

1）执行"编辑"→"首选项"→"文件处理"命令，打开"文件处理"对话框。

2）在"文件存储选项"栏中的图像预览下拉列表框中有三个选项，分别是"总不存储"、"总是存储"和"存储时提问"。文件扩展名下拉列表框有两个选项，分别是"使用大写"和"使用小写"，一般地说，小写的扩展名易于阅读。

3）"文件兼容性"栏中的复选框可根据实际需要进行设置。

3．设置"光标"选项卡

1）执行"编辑"→"首选项"→"光标"命令，打开"光标"对话框。

2）在"绘画光标"栏中，"标准"就是标准光标模式，用各种工具的标识来作为光标。"精确"为精确模式，选择次项可以切换到十字形的指针形状，以指针中心点作为工具作用时的中心点，利用它可以精确地绘制图像。选中"画笔大小"选项，光标将切换为笔刷的大小显示，利用它可以清楚地看到笔刷的覆盖范围。

4. 设置"单位与标尺"选项卡

1）执行"编辑"→"首选项"→"单位与标尺"命令，打开"单位与标尺"对话框。

2）对话框中的各选项可以按照需要进行设定，一般使用默认即可。

其他选项卡可以按照个人需要进行设置，在此不再赘述。

1.3　Photoshop CS5 的新增功能

在 Photoshop CS5 中，单击应用程序栏中的图标，在展开的菜单中选择"CS5 新功能"选项，更换为相应的界面。在展开的菜单中，Photoshop CS5 的新增功能部分显示为蓝色，更加方便用户查看新增的功能，如图 1-15 所示。

图 1-15　部分新增功能

Photoshop CS5 新增功能简介

1. 内容识别填充

通过这一功能，用户可以删除任何图像细节或对象，并静静观赏内容识别填充神奇地完成剩下的填充工作。这一突破性的技术与光照、色调及噪声相结合，可以使删除的内容看上去似乎本来就不存在。如图 1-16 所示，使用内容识别自动填充功能可以很快移除画面中的人物，并自动补上缺口，用户只需选择范围，按下清除键就行了。

图 1-16　使用内容识别填充移除人物

2. 出众的高动态范围摄影技术成像

HDR（high-dy namic range，高动态范围）功能可把曝光程度不同的影像结合起来，产生想要的外观，借助前所未有的速度、控制和准确度创建写实的或超现实的 HDR 图像。借助自动消除叠影以及对色调映射和调整的控制，可以获得更好的效果，甚至可以令单次曝光的照片获得 HDR 的外观，如图 1-17 所示。

图 1-17　不同曝光度的照片合成 HDR

3. "选择性粘贴"命令

使用"选择性粘贴"中的"原位粘贴"、"贴入"和"外部粘贴"命令，可以根据需要在复制图像的原位置粘贴图像，或者有所选择的粘贴复制图像的某一部分。图 1-18 所示的就是使用不同粘贴命令的效果。

图 1-18　不同粘贴命令的效果

4．增强的 3D 功能

在 Photoshop CS5 中，对模型设置灯光、材质、渲染等方面都得到了增强。结合这些功能，在 Photoshop 中可以绘制透视精确的三维效果图，也可以辅助三维软件创建模型的材质贴图。这些功能大大拓展了 Photoshop 的应用范围。如图 1-19 所示就是使用 Photoshop CS5 中的 3D 功能制作出来的效果。

图 1-19　使用 Photoshop CS5 中的 3D 功能

5．操控变形

操控变形功能对任何图像元素进行精确的重新定位，创建出视觉上更具吸引力的照片。例如，轻松伸直一个弯曲角度不舒服的手臂。如图 1-20 所示，就是利用操控变形技术来完成舞者的效果制作。

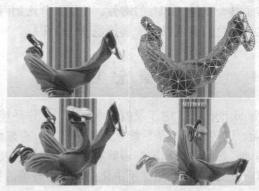

图 1-20　使用操控变形功能

6. 镜头校正

Adobe 从机身和镜头的构造上着手实现了镜头的自动更正，主要包括减轻枕形失真，修饰曝光不足的黑色部分以及修复色彩失焦。当然这一调节也支持手动操作，用户可以根据自己的不同情况进行修复设置，并且可以从中找到最佳的配置方案。如图 1-21 所示，使用自动镜头校正功能调整镜头鼓形、透视失真及感光不准的照片。

图 1-21　使用自动镜头校正功能

7. 快速选择工具

我们经常需要把人物从复杂的背景图片中抠出来，根据不同情况选择不同的方法。可以采用的方法有抽出法、图层法、通道法、蒙版法等，还可以使用专业的抠图软件，有了快速选择工具，就可以更轻松地把图从背景里抠出来。如图 1-22 所示，使用快速选择工具更换背景。

图 1-22　使用快速选择工具

8. 新增的 GPU 加速功能

充分利用并针对日常工具、支持 GPU 的增强。使用三分法则网格进行裁剪；使用单击擦洗功能缩放；对可视化更出色的颜色以及屏幕拾色器进行采样。

本 章 总 结

本章我们学习了在 Photoshop CS5 中涉及的基本概念、工作环境、工作环境的优化以及 Photoshop CS5 的新增功能，这些知识都是后续学习的基石，只有熟练掌握，才能快速应用。因此一定要打下扎实的基础，熟练掌握和透彻理解所讲授的知识点及使用技巧，才能在今后的应用中"信手拈来"，让自己的奇思妙想在手中化为现实中奇美的景色。

第 2 章　Adobe Photoshop CS5 的基础知识

学习目标

1）掌握 Adobe Photoshop CS5 的基本操作。

2）了解选区的两种主要作用，构建复杂选区的操作，熟练使用多种选区工具制作选区。掌握选区的编辑："选择"菜单的使用。

3）了解图层的基本概念以及简单操作。

4）掌握移动工具和填充工具的使用。

5）掌握网格、参考线和标尺的使用。

6）掌握"自由变换"命令的巧妙应用。

2.1　Adobe Photoshop CS5 基本工具的使用一

2.1.1　实例一　精美的信纸

1. 本实例需掌握的知识点

1）新建文件、打开文件、关闭文件、保存文件。

2）填充工具的简单应用。

3）了解矩形选框工具的基本属性和简单操作。

4）图层的简单应用。

实例效果如图 2-1 所示。

图 2-1　实例效果图

2. 操作步骤

1）新建文件。执行"文件"→"新建"命令，弹出"新建"对话框，如图 2-2 所示。文件名称设置为"精美的信纸"，大小设置为 300×400 像素，分辨率为 72，颜色模式为 RGB、8 位，背景内容为白色，最后单击"确定"按钮。

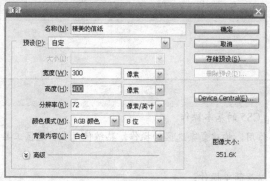

图 2-2 "新建"对话框

2）执行"窗口"→"图层"命令（或按<F7>键），调出图层面板，效果如图 2-3 所示。

3）单击图层面板下方的 🔲 创建新图层按钮，添加新的图层，新建图层默认名称为"图层 1"，如图 2-4 所示。

图 2-3 图层面板

图 2-4 新建图层后的图层面板

4）选择工具箱中的 🪣 油漆桶工具，单击其工具属性栏上 前景 ▼右侧的小三角按钮，从弹出的下拉菜单中选择"图案"填充，单击右侧的 🔳，打开"图案"拾色器，单击"预设图案"窗口右上角的小三角按钮，从弹出的快捷菜单中选择"预设管理器"选项，在弹出的"预设管理器"窗口中，单击窗口右上角的小三角，从弹出的快捷菜单中选择"自然图案"选项，打开"预设管理器"信息对话框，单击"追加（A）"按钮，将"自然图案"项追加到预设图案中，追加图案的对话框如图 2-5 所示。

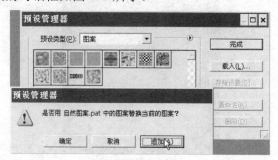

图 2-5 追加图案

5）此时"自然图案"项中的图案已经出现在"预设图案"窗口中，选择"黄菊（265×219 像素，RGB 模式）"图案。将光标指针移动到文档窗口并单击鼠标，此时填充的图案覆盖"图层 1"，其文件效果及图层面板如图 2-6 所示。

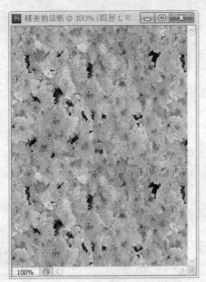
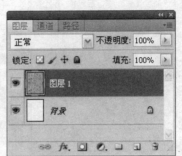

图 2-6　填充图案后的文档及图层面板

6）单击图层面板下方的"创建新图层"按钮 ，添加新的图层，新建图层默认名称为"图层 2"。

7）选择工具箱中的油漆桶工具 ，按照步骤 4）的方法将"彩色纸"项追加到预设图案中，选择"笔记本纸（128×128 像素，RGB 模式）"图案，将光标指针移动到文档窗口并单击鼠标，此时填充的图案覆盖"图层 2"，其文件效果及图层面板如图 2-7 所示。

图 2-7　为图层 2 填充图案

8）选择工具箱中的矩形选框工具 ，在其工具属性栏中设置 羽化: 10 px ，将光标指针移动到文档窗口左上位置，按住鼠标左键向右下拖拽，形成一个矩形选框，释放左键，得到圆角矩形选框，效果如图 2-8 所示。

9）执行"选择"→"反向"命令（或按<Ctrl+Shift+I>组合键），反选图层 2。执行"编辑"→"清除"命令（或按<Del>键），删除选区内容，如图 2-9 所示。

图 2-8　制作选区图

图 2-9　删除选区内容

10）执行"选择"→"取消选择"命令（或按<Ctrl+D>组合键），取消选区。

11）执行"文件"→"存储"命令，弹出"存储为"对话框，选择适当的存储路径，选择保存格式为"BMP"，文件名为"2.1.1"，如图 2-10 所示。单击"保存"按钮后，弹出"BMP 选项"窗口，单击"确定"按钮完成。

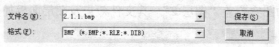

图 2-10　保存文件

3．知识点讲解

（1）了解文件的新建、打开、保存操作

1）新建文件是 Photoshop CS 5 的基础操作，在制作图片的时候，一般建议是新建文件，将其他的素材图片部分或全部拖拽到新建文件中进行编辑。新建文件的具体操作步骤是执行"文件"→"新建"命令，或者按<Ctrl+N>组合键，会弹出"新建"对话框，逐步设置文件的名称、大小、分辨率、模式、背景内容，单击"确定"按钮。

2）打开文件的具体操作步骤是：执行"文件"→"打开"命令，或者按<Ctrl+O>组合键，或者在图像窗口的空白处快速双击，弹出"打开"对话框，可以选择需要打开的素材图片，若要同时打开多个连续或不连续的文件，则在选择时分别按下<Shift>键或<Ctrl>键进行选择。

3）保存文件的具体操作步骤是：执行"文件"→"存储"或"存储为"命令，选择存储的位置，图片的名称及格式。系统默认的格式是 Photoshop 的固有格式 PSD 格式，除此之外，常见的保存格式还有 BMP、JPG、GIF、PNG、PDF 等，单击"保存"按钮完成设置。

（2）矩形选框工具

1）矩形选框工具[　]的使用非常简单。矩形选框工具可以在图像或图层中选取出矩形或正方形选区，当要制作正方形选区时，只要在使用矩形选框工具的同时按住<Shift>键即可。通常情况下，选框工具有两方面的作用，一方面是如实例中所使用的选框工具来选取对象，另一方面是新建选区，填充选区，创建图形。例如：要在新建文件的窗口中创建一个圆形区域，单击椭圆选框工具 🔵，在选择时按下<Shift>键，建立如图 2-11 所示的圆形选区。

在工具箱中选择填充工具 🪣，单击默认前景色和背景色按钮 ◨，前景色为黑色，将鼠标移动到图 2-11 所示的选区内并单击，就生成了一个黑色圆形图片，如图 2-12 所示。

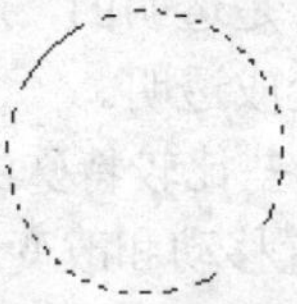

图 2-11　建立圆形选区 　　　　　　　　　　图 2-12　填充选区

2）选框工具的羽化和消除锯齿设置。羽化选项的作用就是虚化选区的边缘，模糊边界，处理边界范围和色彩透明度，在制作合成效果时会得到较柔和的过渡效果，但会丢失选区边缘的一些细节。单击工具箱中的椭圆选框工具 🔵，工具属性栏上出现 羽化: 0 px　☑ 消除锯齿，在选项栏中输入羽化值，该数值定义羽化边缘宽度，范围从 0～250 像素。例如，新建 40×40 像素的圆形选区，将羽化值分别设置为 0 像素、10 像素、15 像素时，得到的效果如图 2-13 所示。

a)　　　　　　　　　　　b)　　　　　　　　　　　c)

图 2-13　圆形选区羽化值

a）0 像素羽化　b）10 像素羽化　c）15 像素羽化

羽化数值根据选区的大小而定，如果选区小而羽化数值大，则小选区可能变得非常模糊，以至于看不到，因此不可选。如果出现"警告，任何像素都不大于 50%选择。选区边将不可见。"，则应减小羽化数值或扩大选区大小。

消除锯齿的作用是软化边缘像素与背景像素之间的颜色转换，使选取的锯齿状边缘平滑，由于只改变边缘像素，因此没有细节丢失。例如，新建 10×10 像素的圆形选区，选择"消除锯齿"，单击填充工具 🪣，填充黑色，按<Ctrl+D>组合键撤销选区，得到一个黑色圆；再新建一个 10×10 像素的圆形选区，不选择"消除锯齿"，单击填充工具 🪣，填充黑色，按<Ctrl+D>组合键撤销选区，得到另外一个黑色圆；单击工具箱中的缩放工具 🔍，在工具属性栏上单击 🔍 按钮，分别在两个黑色圆上单击数次，都放大到 800%，得到效果如图 2-14 所示。

a)　　　　　　　　　　　　　　b)

图 2-14　消除锯齿前后的效果图

a）选择消除锯齿　b）未选择消除锯齿

3）样式：包括正常、固定长宽比，固定大小三种。样式为正常，建立的选区大小和形状随意性很大；样式为固定长宽比，建立的选区的形状已经固定；样式为固定大小，则建立的选区大小和形状都是固定的。

（3）图层

1）了解图层。图层是创作各种合成效果的重要途径，使用图层的最大好处是可以将不同的图像放在不同的图层中，各自独立，对其中的任何一个图层进行处理，不会影响其他图层。在默认情况下，图层中灰白相间的方格 表示该区域没有内容，是透明的，透明区域是图层所特有的特点。如果将图层中的某部分内容删除，该区域也将变成透明。

2）图层的种类。除了普通图层之外，Photoshop 还提供了一些比较特殊的图层。

① 背景图层是专门用于显示背景颜色的，不能对其进行位置移动和改变透明度，一个作品只能存在一个背景图层。背景图层可以转化为普通图层，执行"图层"→"新建"→"背景图层"命令，弹出"新建图层"对话框，设置各项参数后，单击"确定"按钮完成设置。

② 文字图层有其特殊性，不能使用其他的工具进行编辑，不能进行绘画，滤镜处理。若要对文字图层进行填充、滤镜等处理，应将文字图层转化为普通图层，该过程称之为"栅格化文字"，可执行"图层"→"栅格化"→"文字"命令。文字图层一旦栅格化就无法对文字的内容、字体等参数进行编辑和修改。

③ 形状图层是指使用"形状"工具或"钢笔"工具创建形状时，自动生成的图层。

3）图层面板。打开实例一中的图层面板，如图 2-15 所示。

图 2-15　图层面板

① 正常 ▼：设置图层之间的混合模式，除了"正常"选项，还包括溶解、变暗、正片叠底、颜色加深、线形加深，变亮等混合模式。

② 不透明度:70% ▶：单击右侧的三角按钮，拖动滑块可以调整当前图层的不透明度，也可以直接输入数字。

③ 填充:100% ▶：单击右侧的三角按钮，拖动滑块可以调整当前图层的填充百分比，也可以直接输入数字。

将"填充"和"不透明度"都输入相同的数字，得到的效果也相同，都能更改图层的不透明度。将图层的不透明度设为 50%，填充设为 100%，与不透明度设为 100%，填充为 50% 的效果，在图像中看来是相同的。如果将两者都设为 50%，那么图层就是 25% 的实际不透明度。因此，虽然"填充"百分比的效果看起来和图层不透明度差不多，但它只针对图层中原始的像素起作用。

④ 锁定:☒ ✎ ✛ 🔒：锁定图层的透明度，锁定图像编辑，锁定位置，锁定全部。

⑤ 👁：每个图层的最左边都有眼睛标志，单击 👁 图标可以隐藏或显示这个图层。如果在某

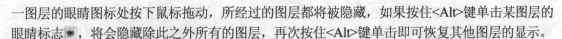

一图层的眼睛图标处按下鼠标拖动，所经过的图层都将被隐藏，如果按住<Alt>键单击某图层的眼睛标志⊙，将会隐藏除此之外所有的图层，再次按住<Alt>键单击即可恢复其他图层的显示。

　　⑥ 〓：单击此图标可链接图层。

　　⑦ **fx.**：单击此图标可以为图层添加图层样式。

　　⑧ ◎：单击此图标可给当前图层增加图层蒙版。

　　⑨ ◎.：单击此图标可在弹出菜单中选择新调整图层或填充图层。

　　⑩ ▢：单击此图标可创建图层组。

　　⑪ ⬚：单击此图标可创建新图层。

　　⑫ 🗑：将图层拖拽到此图标上，可删除图层。

　　⑬ ▼≡：单击此三角，可弹出一个关于图层操作的下拉菜单。

图 2-16　图层缩览图和图层区域

　　另外，如图 2-16 所示为图层缩览图和图层区域。图层缩览图显示当前图层的内容，双击文字可以重命名，而当鼠标停留在图层上指针变为手形时，按住鼠标左键，上下拖动可以改变当前图层的位置。

　　4. 课后练习

　　打开光盘"素材"\"第 2 章"\"花.PSD"文件，运用本课所学知识处理成如图 2-17 所示的效果。

　　解题思路

　　1）打开"花.PSD"文件。

　　2）选中"花 3"图层，用椭圆选框工具，设置羽化值，调整选区位置，反选选区内容，按<Delete>键删除内容，将该部分透明，显现部分"花 2"图层的内容。

　　3）同理，选中"花 2"图层，用椭圆选框工具，扩大选区区域，反选选区内容，按<Delete>键删除内容，将该部分透明，显现部分"花 1"图层的内容。

图 2-17　课后练习效果图

2.1.2　实例二　光盘

　　1. 本实例需掌握的知识点

　　1）掌握选区的创建、编辑及灵活应用。

　　2）掌握移动工具的使用。

　　3）掌握填充工具的使用。

　　实例效果如图 2-18 所示。

　　2. 操作步骤

　　1）新建文件，执行"文件"→"新建"命令，文件名称为"光盘"，大小 350×350 像素，分辨率为 72，颜色模式为 RGB、8 位，背景内容为透明，单击"确定"按钮。

图 2-18　实例效果图

2）选择工具箱中的椭圆选框工具 ◯，将工具属性栏上的羽化值设置为 0，单击 样式： 正常 ▼ 样式右侧的小三角按钮，选择"固定大小"，设置宽为 300 像素，高为 300 像素。

3）在文档窗口中，鼠标指针先选定椭圆的中心，同时按住<Alt>键，再单击鼠标，生成如图 2-19 所示的选区位置。

4）单击工具箱中的默认前景色和背景色按钮 ▣，单击工具箱中的切换前景色和背景色按钮 ↰，选择工具箱中的 ◌ 填充工具，将鼠标指针移到圆形选区内，单击鼠标填充，效果如图 2-20 所示。

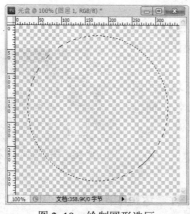
图 2-19　绘制圆形选区

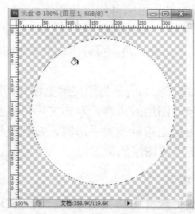
图 2-20　填充圆形选区

5）执行"选择"→"变换选区"命令，在圆形选区的周边出现 8 个方形控制点，将光标停留在右下角的控制点，效果如图 2-21 所示。

6）同时按住<Shift>键和<Alt>键，向圆心方向拖动鼠标，缩小圆形选区，其效果如图 2-22 所示，

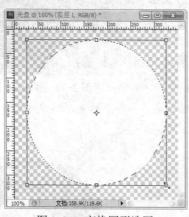
图 2-21　变换圆形选区

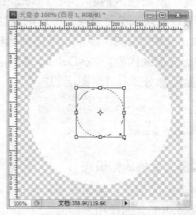
图 2-22　缩小圆形选区

7）单击工具属性栏上的进行变换按钮 ✔（或按<Enter>键），确认选区变换。

8）执行"选择"→"存储选区"命令，打开"存储选区"对话框，在名称方框中输入"小圆"，单击"确定"按钮，完成选区存储，如图 2-23 所示。

9）按<Delete>键删除选区内容，执行"选择"→"取消选择"命令（或按<Ctrl+D>组合键）取消选取。

10）按住<Ctrl>键，单击图层 1 的缩略图，将图层 1 载为选区，执行"选择"→"修改"→"收缩"命令，弹出"收缩选区"对话框，设定收缩量为 3，单击"确定"按钮。

图 2-23　"存储选区"对话框

11）单击图层面板下方的创建新图层按钮 ，此时在图层面板中出现一个名称为图层2 的新图层，单击工具箱中的切换前景色和背景色按钮 ，选择填充工具 ，将鼠标指针移到圆环选区内，填充选区，按<Ctrl+D>组合键取消选取，填充效果如图 2-24 所示，图层面板如图 2-25 所示。

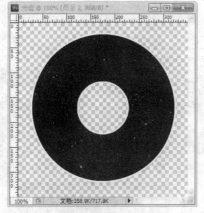

图 2-24　填充圆环选区

图 2-25　图层面板

12）单击图层面板下方的"创建新图层"按钮 ，此时在图层面板中出现一个名称为图层 3 的新图层，执行"选择"→"载入选区"命令，弹出"载入选区"对话框，在"源"窗口中，通道选择"小圆"，单击"确定"按钮，对话框设置如图 2-26 所示。

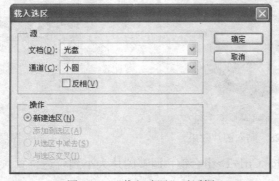

图 2-26　"载入选区"对话框

19

13）按<Ctrl+Delete>组合键，为小圆选区填充背景色白色，执行"选择"→"修改"→"收缩"命令，收缩量设置为 15，单击"确定"按钮。

14）按<Delete>键删除选区内容，按<Ctrl+D>组合键取消选取。

15）单击图层 1，将不透明度设置为 90%，单击图层 3，将不透明度设置为 50%。

16）按住<Ctrl>键，单击图层 1，将图层 1 载为选区，单击图层面板下方的"创建新图层"按钮 ，生成名称为图层 4 的新图层，执行"编辑"→"描边"命令，打开"描边"对话框，在其中设置宽度、颜色、位置，如图 2-27 所示，单击"确定"按钮，按<Ctrl+D>组合键取消选取。

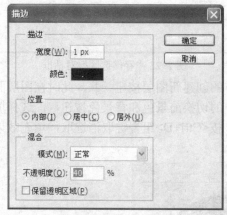

图 2-27 "描边"对话框

17）重复步骤 16）的操作，为图层 3 创建名称为图层 5 的新描边图层。

18）打开光盘中"素材"\"第 2 章"\"2.1.2 素材.jpg"图片，执行"选择"→"全部"命令，执行"编辑"→"复制"命令。

19）返回"光盘"文件，按住<Ctrl>键，单击图层 2，将图层 2 载为选区，执行"编辑"→"选择性粘贴"→"贴入"命令，此时文件效果如图 2-28 所示，面板如图 2-29 所示。

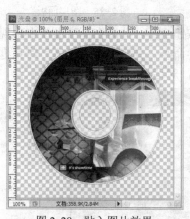

图 2-28 贴入图片效果

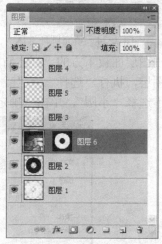

图 2-29 图层效果

20）单击图层 6，按<Ctrl+T>组合键，调整图片大小到合适位置，按<Enter>键确认变换，效果如图 2-30 所示。

图 2-30　调整图片后的效果

21）保存文件。

3．知识点讲解

选区的创建与修改

（1）创建选区　在 Photoshop 中，选区的创建可以通过选区工具、运用菜单命令、运用图层、运用蒙版和通道、运用路径等。

1）使用选框工具创建选区。

① 矩形选框工具 ：用来选择图像中的矩形区域。单击工具箱中矩形选框工具 ，工具按钮变成白色，表示选中了该工具。当鼠标移到文档窗口中，鼠标指针变为十字形状，按住鼠标拖拽便可创建矩形选区。按住<Shift>键拖拽可创建正方形选区。拖拽后按住<Alt>键，可以从选框的中心拖移选框。

② 椭圆选框工具 ：鼠标指向工具箱中的矩形选框工具 ，按住鼠标左键不放会出现选框工具列表，单击 选中工具。绘制方法同矩形选区工具。按住<Shift>键拖拽可创建圆形选区。

③ 单行选框工具 ：用于绘制一个像素的水平直线区域。直接在文档中单击鼠标即可。选择方法同上。

④ 单列选框工具 ：用于绘制一个像素的垂直直线区域。直接在文档中单击鼠标即可。选择方法同上。

2）使用套索工具创建选区。套索工具、多边形套索工具通过手动绘制，不具备检测颜色、亮度、饱和度或更改位置的能力，完全取决于手和眼来确定选择区域。

① 套索工具 ：用于选择不规则的区域，通过拖动鼠标来绘制任意的选择区域。按<Alt>键，套索工具 、多边形套索工具 和磁性套索工具 可以相互切换。

② 多边形套索工具 ：按住套索工具不放可以选择此工具。通过单击鼠标来选择，按<Ctrl>键或双击鼠标，完成选区的建立；按<Shift>键单击并移动限定方向为垂直、水平或 45°；按<Backspace>键或<Delete>键删除建立选区时的临时控制点。

③ 磁性套索工具 ：适用于选取图形颜色与背景颜色反差较大的图像选区。

3）使用魔棒工具 和快速选择工具 创建选区。

① 魔棒工具 可用来选择图像中颜色相同和相似的不规则区域。在选择魔棒选取工具后，单击图像中的某个点，即可将图像中该点附近颜色相同或相似的区域选取出来。

② 快速选择工具 可以用来选取颜色单一或是多种颜色组成的图像对象，该工具利用

可调整的圆形画笔笔触快速绘制选区。在拖动鼠标的过程中，选区会向外扩展并自动查找和跟随图像中定义的边缘，其工具属性栏如图 2-31 所示。

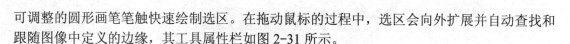

图 2-31　快速选择工具属性栏

快速选择工具 的具体设置应用，将在后面的章节中做详细介绍。

4）使用选区运算创建选区。

所谓选区的运算就是指新选区 、添加到选区 、从选区减去 、与选区交叉 。例如，在文档窗口中，选中椭圆选框工具 ，单击工具属性栏上的新选区按钮 ，设置大小为 180×180 像素，新建圆形选区，如图 2-32a 所示。选中椭圆选框工具 ，单击工具属性栏上的"添加到选区"按钮 ，按住<Shift>键新建一个小一点圆形选区，释放鼠标左键，结果如图 2-32b 所示。按<Ctrl+Z>键取消，取消上步的操作。选中椭圆选框工具 ，单击工具属性栏上的"从选区减去"按钮 ，按住<Shift>键新建一个小一点圆形选区，释放鼠标左键，结果如图 2-32c 所示。按<Ctrl+Z>键取消，取消上步的操作。选中椭圆选框工具 ，单击工具属性栏上的"与选区交叉"按钮 ，按住<Shift>键新建一个小一点圆形选区，释放鼠标左键，结果如图 2-32d 所示。

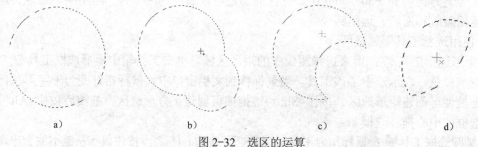

a)　　　　　　　b)　　　　　　　c)　　　　　　　d)

图 2-32　选区的运算

a）原始选区　b）选区相加　c）选区相减　d）选区交叉

灵活使用选区运算，能创建很多选区，如图 2-33 所示。

图 2-33　灵活使用选区运算

运用菜单命令、图层、蒙版和通道、路径等创建选区的方法将在后面章节中介绍。另外如果需要选择现有选区以外的区域可以反选选区，可按<Ctrl+Shift+I>组合键。按<Ctrl+A>组合键，可选择整个图像。

（2）选区的编辑修改

1）移动选区是指只移动选区的位置而不移动选区中的内容。先选择任意选区工具，将鼠标指针移到选区内部，拖动鼠标。也可以在选择了选区工具的情况下，通过键盘上的上下左右光标键来精确移动选区位置，按一次键移动一个像素的位置，如果按住<Shift>键，则一次移动 10 个像素的位置。

2）变换选区是指对选区进行缩放、旋转、斜切、扭曲、透视和变形的操作。执行"选择"→"变换选区"命令，或将鼠标移到选区当中，单击鼠标右键，也会弹出"变换选区"快捷菜单，选区四周将出现八个控制手柄的变换选区调整框，如图 2-34 所示。

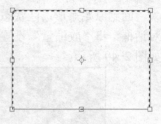

图 2-34　变换选区

利用鼠标拖动控制手柄可以对选区作相应的变换，按<Enter>键即确认选区的变换，若想取消变换选区的操作，可按<Esc>键。

在弹出的修改选区快捷菜单中可以选择"缩放"、"旋转"、"斜切"、"透视"、"变形"命令，对选区作相应的变换。

3）执行"选择"→"修改"命令，对选区进行边界、平滑、扩展、收缩的操作。

打开光盘"素材"\"第 2 章"\"叶子.jpg"图片，用矩形选框工具在文档窗口建立一个矩形选区，如图 2-35 所示。执行"选择"→"修改"→"边界"命令，打开"边界选区"对话框，将"宽度"设置为 40 像素，单击"确定"按钮，此时在原有选区上又套上了一个选区，效果如图 2-36 所示。

 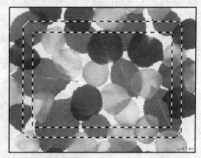

图 2-35　建立矩形选区　　　　　　　图 2-36　边界选区

选择工具箱中的 ▇ 渐变填充工具，单击工具属性栏上的 ▇▇▇，打开"渐变编辑"对话框，编辑渐变色对选区进行填充，效果如图 2-37 所示。

连续按<Alt+Ctrl+Z>组合键，撤销多次，返回如图 2-35 所示的矩形选区的画面。执行"选择"→"修改"→"平滑"命令，打开"平滑选区"对话框，将"取样半径"设置为 40 像素，单击"确定"按钮，此时原有选区的直角变为圆角，效果如图 2-38 所示。

 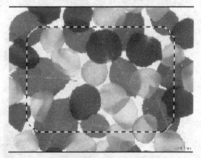

图 2-37　填充选区　　　　　　　　　图 2-38　平滑选区

执行"选择"→"修改"→"扩展"命令，打开"扩展选区"对话框，将"扩展量"设置为 40 像素，单击"确定"按钮，此时原有选区向外扩大，效果如图 2-39 所示。

回到原始矩形选区状态。执行"选择"→"修改"→"收缩"命令，打开"收缩选区"对话框，将"收缩量"设置为 80 像素，单击"确定"按钮，此时原有选区向内缩小，效果如图 2-40 所示。

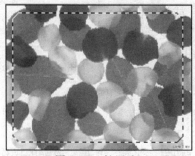 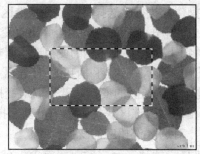

图 2-39　扩展选区　　　　　　　　　　　　图 2-40　收缩选区

4）扩大选取和选取相似。

① 扩大选取：在原来已经有选区的基础上，以魔棒工具指定的容差值扩大相邻的选区。

② 选取相似：在原来已经有选区的基础上，以魔棒工具指定的容差值选取所有图片中颜色相近的选区，包括相邻的和不相邻的。

选择工具箱中的魔棒工具，设置工具属性栏，如图 2-41 所示，使用魔棒工具在文档窗口单击建立一个不规则选区，如图 2-42 所示。

容差: 32　消除锯齿　连续　对所有图层取样　调整边缘...

图 2-41　魔棒工具属性栏

图 2-42　建立不规则选区

执行"选择"→"扩大选取"命令，效果如图 2-43a 所示，再执行"选择"→"扩大选取"命令两次，效果如图 2-43b 所示。

a）　　　　　　　　　　　　　　　　　b）

图 2-43　扩大选取命令

a）扩大选取一次　b）扩大选取两次

执行"选择"→"选取相似"命令，效果如图 2-44 所示。

图 2-44　选取相似

5）选区的载入和存储。载入选区，是将存储到通道中的选区载入到图片中，载入时，要选择所载入的通道名称；存储选区，是将现有的选区，存到通道中，在通道中暂时存储。

移动工具 ⊹ 的使用：使用移动工具 ⊹ 可以移动选区内容、移动图层、移动参考线等。选择工具箱中的移动工具 ⊹，工具属性栏如图 2-45 所示。

图 2-45　移动工具属性栏

"自动选图层"，此选项对多个图层的图像才有实际作用，若选择此项，离鼠标最近的图层是被自动选定。"排列"和"分布按钮"是用来对多个图层或选择区进行排列、对齐和等距离分布操作。

4. 课后练习

灵活运用选区和填充工具，完成如图 2-46 所示的效果。

解题思路

1）新建文件，大小 400×400 像素，分辨率为 72，颜色模式为 RGB、8 位，背景内容为透明，单击"确定"按钮完成设置。

2）使用椭圆选区工具，在不同的图层中分别绘制"QQ"的身体、头部、眼睛、腹部及脚，并填充颜色。

3）使用椭圆选区工具，选区相减的方法，在不同的图层中绘制 QQ 的翅膀、嘴。

4）添加新图层，使用椭圆选区工具，灵活运用选区运算得到环形围脖。

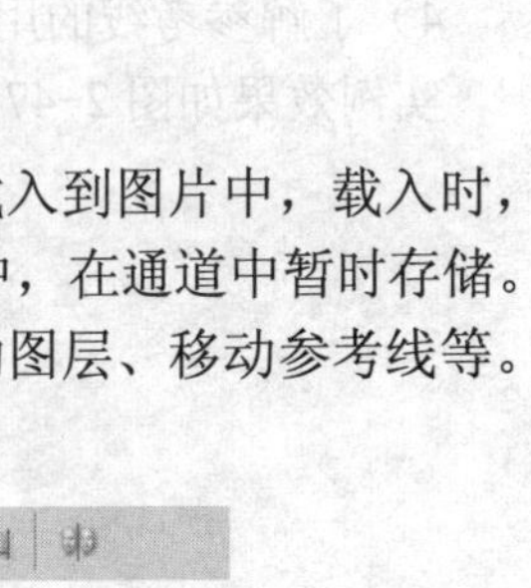

图 2-46　课后练习效果图

2.1.3　小结

本节主要学习了图层、选区、移动工具、填充工具的相关知识，其中包括选区的建立、编辑，选区选取图像，使用移动工具移动对象。其中对选区的应用是贯穿本节课程的主要知识点，不论是创建新的图像还是选择图像都离不开选区的操作，灵活巧妙地运用选区是初学者学习的关键。

2.2 Adobe Photoshop CS5 基本工具的使用二

2.2.1 实例一 制作田字格

1. 本实例需掌握的知识点

1）掌握定义图案的使用和编辑方法。

2）掌握行列选框工具的用途。

3）了解标尺的用途。

4）了解参考线的用途和使用方法。

实例效果如图 2-47 所示。

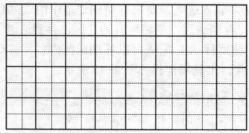

图 2-47 实例效果图

2. 操作步骤

1）新建文件 4×1 像素，分辨率为 150，RGB 颜色模式，背景内容为透明。

2）执行"视图"→"标尺"命令，在文档窗口的上方和左侧分别显示水平标尺和垂直标尺，把鼠标指针指向标尺，并单击鼠标右键，在快捷菜单中选择标尺度量单位为"像素"。

3）选择工具箱中的缩放工具 🔍，单击工具属性栏上的"放大"按钮 🔍，将鼠标指针移向窗口，连续多次单击鼠标，直至文档的显示比例为 800%。

4）将前景色设置为黑色，按<Alt+Delete>键，填充图层。

5）选择工具箱中的 ➕ 工具，把鼠标指针指向水平标尺，按住鼠标左键不放拖动，在垂直标尺刻度值为"1"处释放鼠标，生成一条水平参考线；把鼠标指针指向垂直标尺，按住鼠标左键不放进行拖动，在水平标尺刻度值为"1"处释放鼠标，生成一条垂直参考线，此时窗口被参考线划分为四个部分，文档窗口如图 2-48 所示。

图 2-48 设置参考线后的文档窗口

6）选择工具箱中的单列选框工具 ，将鼠标指针移动到参考线划分的左上角部分，单击鼠标左键，生成单列选区。

7）按<Delete>键，删除选区内容，按<Ctrl+D>组合键，取消选择。

8）执行"编辑"→"定义图案"命令，弹出"图案名称"对话框，输入"水平虚线"，单击"确定"按钮，如图 2-49 所示。

图 2-49　定义水平虚线图案

9）执行"图像"→"图像旋转"→"90°（顺时针）"命令。

10）执行"编辑"→"定义图案"命令，弹出"图案名称"对话框，输入"垂直虚线"，单击"确定"按钮，如图 2-50 所示。

图 2-50　定义垂直虚线图案

11）新建文件 10mm×10mm，分辨率 150，RGB 颜色模式，背景内容为透明。

12）执行"视图"→"标尺"命令，显示标尺，把鼠标指针指向标尺，并单击鼠标右键，在快捷菜单中选择标尺度量单位为"毫米"。

13）选择工具箱中的缩放工具 🔍，单击工具属性栏上的"放大"按钮🔍，单击鼠标，将文档的显示比例设置为 200%。

14）选择工具箱中的 ►┿ 工具，把鼠标指针指向水平标尺，按住鼠标左键不放拖动，在垂直标尺刻度值为"5"处释放鼠标，生成一条水平参考线；把鼠标指针指向垂直标尺，按住鼠标左键不放进行拖动，在水平标尺刻度值为"5"处释放鼠标，生成一条垂直参考线，此时窗口被参考线划分为四个部分，文档窗口如图 2-51 所示。

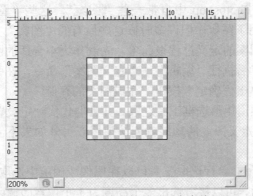

图 2-51　新建文档并设置参考线

15）选择工具箱中的单列选框工具 ，将鼠标指针移动到垂直参考线，单击鼠标左键，

在垂直参考线所在位置生成单列选区。

16）执行"编辑"→"填充"命令，弹出"填充"对话框，单击"内容"窗口"使用"旁边的小三角按钮，从弹出的快捷菜单中选择"图案"选项，单击"自定图案"缩略图旁边的小三角按钮，会弹出"图案"窗口，此时已经定义的"垂直虚线"图案出现在窗口底部，选择如图 2-52 所示的"垂直虚线（1×4 像素，RGB 模式）"图案。

17）回到"填充"对话框，单击"确定"按钮，按<Ctrl+D>键，取消选择，此时窗口生成一条垂直虚线。

18）选择工具箱中的单行选框工具 ，将鼠标指针移动到水平参考线，单击鼠标左键，在水平参考线所在位置生成单行选区。

19）执行"编辑"→"填充"命令，弹出"填充"对话框，单击"自定图案"缩略图旁边的小三角按钮，选择"水平虚线（4×1 像素，RGB 模式）"图案，回到"填充"对话框，单击"确定"按钮。按<Ctrl+D>键，取消选择。

20）执行"选择"→"全部"命令，执行"编辑"→"描边"命令，弹出"描边"对话框，设置"宽度"为1像素，"颜色"为黑色，"位置"为居中，单击"确定"按钮。按<Ctrl+D>组合键，取消选择。

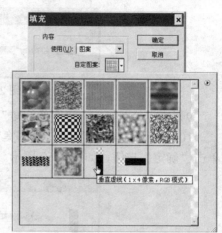

图 2-52　选择定义的图案

21）执行"视图"→"清除参考线"命令，此时窗口生成一个田字格。执行"编辑"→"定义图案"命令，弹出"图案名称"对话框，将名称设置为"田字格"，单击"确定"按钮。

22）新建文件（8×4 厘米，分辨率150，RGB 颜色模式，背景内容为白色）。

23）执行"编辑"→"填充"命令，弹出"填充"对话框，单击"自定图案"缩略图旁边的小三角按钮，在弹出的"图案"窗口中选择"田字格（59×59 像素，RGB 模式）"图案，回到"填充"对话框，单击"确定"按钮。

24）保存文件。

3．知识点讲解

（1）定义图案　在 Photoshop 中自带一些"图案"，这些"图案"可以通过执行"编辑"→"填充"命令应用于图像，但许多时候这些原有的"图案"并不能满足我们的需求，所以需要自定义图案。图案的定义过程很简单，先制作大小合适的图案或用矩形选框工具选取已有图案一块区域，然后执行"编辑"→"定义图案"命令，在弹出的"图案名称"对话框中输入图案的名称，单击"确定"按钮，完成图案的存储。

需要注意的是，必须用矩形选框工具选取，并且羽化值一定设置为"0 像素"（无论是选取前还是选取后），否则定义图案的功能就无法使用。另外如果不创建选区直接定义图案，将把整幅图像作为图案。

（2）行列选框工具 　单行选取工具可以在图像或图层中选取出 1 个像素高的横线区域，按住<Shift>键的同时，可以接着选出多个高度为 1 个像素的选区。 单列选框工具的使用方法和 单行选框工具相同，可创建只有 1 个像素宽的列选区。

在使用行列选框工具时，一定要将羽化值设置为 0，因为选区的宽度和高度仅仅为 1 个

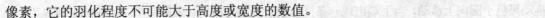

像素，它的羽化程度不可能大于高度或宽度的数值。

（3）标尺　标尺是在图像处理和绘制图像过程中测量或精确定位。

执行"视图"→"标尺"命令，或按<Ctrl+R>组合键，可以显示标尺，再次执行"视图"→"标尺"命令，或按<Ctrl+R>组合键，隐藏标尺；把鼠标指针指向标尺，右击选择度量单位，可以切换标尺的显示单位。另外，执行"编辑"→"首选项"→"单位与标尺"命令，打开如图 2-53 所示的"首选项"对话框，在第一栏的下拉菜单中选择"单位与标尺"，可以设置标尺的单位。

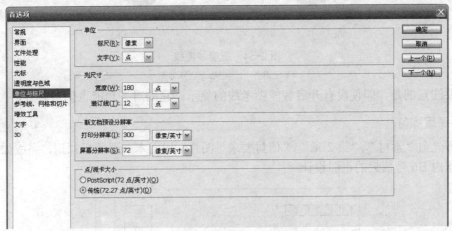

图 2-53　在首选项中设置单位与标尺

标尺的原点，即标尺水平和垂直的 0 刻度交汇点，默认在图像的左上角。将鼠标指针移动到窗口左上角的标尺的交叉点上，按住鼠标左键从标尺的左上角向图像拖动，出现一组十字线，生成新的坐标原点；双击左上角可以还原标尺原点到默认点。

（4）参考线　执行"视图"→"新参考线"命令，在弹出的对话框中输入水平或垂直的坐标位置，可以创建位置精确的参考线。另外，在标尺显示的状态下，把鼠标指针指向水平标尺，按住鼠标左键不放拖动，可以拖出一条水平参考线；把鼠标指针指向垂直标尺，按住鼠标左键不放进行拖动，可以拖出一条垂直参考线。

执行"视图"→"显示"命令，在打开的子菜单中选择"参考线"命令，当子菜单中的"参考线"命令前出现"√"符号表示显示参考线，反之则隐藏参考线。

选择工具箱中的移动工具 ，把鼠标指针指向水平参考线，鼠标指针变为 ，按住鼠标不放拖动，可以移动水平参考线；把鼠标指针指向垂直参考线，鼠标指针变为 ，按住鼠标不放拖动，可以移动垂直参考线；若要防止误操作改变参考线的位置，可执行"视图"→"锁定参考线"命令锁定参考线。

要删除一条参考线，可以拖动到标尺；要删除所有的参考线，则执行"视图"→"清除参考线"命令。

Photoshop CS5 提供了智能参考线（CS 及更早版本不具备），它能根据图层内容自动判断对齐方式的功能，非常实用。首先要执行"视图"→"对齐"命令，确保对齐功能开启，再执行"视图"→"对齐到"→"参考线"命令，就可以开启智能参考线的对齐功能了。为了更好地观看对齐效果，特别是在图像中内容繁多的时候准确判断对齐的对象和方式，应同时开启"视图"→"显示"→"智能参考线"，智能参考线默认为洋红色，例如，利用智能参考线将两个圆进行上对齐，拖动黑色小圆向上移动，当上端出现一条洋红色智能参考线时，表示两个对象已经上对齐了，效果如图 2-54a 所示，拖动黑色小圆向左下移动，当出现如图 2-54b 所示的效果时，表示黑色圆上边界与蓝色圆水平中心对齐，同时黑色圆右边界与蓝色圆左边界对齐。

a)   b)

图 2-54 智能参考线

a）上对齐　b）中心、边界对齐

需要注意的是，即使没有开启智能参考线的显示，它的对齐功能也仍然有效。

4. 课后练习

打开光盘"素材"\"第 2 章"\"信封要求"图片，运用本节课所学知识，完成如图 2-55 所示的国内 B6 号信封的正面设计。

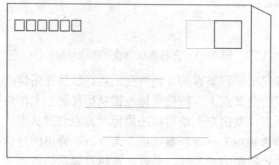

图 2-55 课后练习效果图

解题思路

1）新建文件 200mm×150mm。

2）打开标尺，设置显示单位为"毫米"。

3）按照给定尺寸建立参考线，精确定位。

4）使用矩形、单行、单列选框工具绘制线条。

5）定义虚线图案，并应用。

6）通过选区操作删除多余线条。

7）选择文字工具输入相关文字。

2.2.2 实例二 瓷砖

1. 本实例需掌握的知识点

1）熟练图案填充的操作。

2）熟练使用标尺、参考线进行定位以及行、列选框工具的应用。

3）熟练图层的基本操作。

实例效果如图 2-56 所示。

2．操作步骤

1）新建文件（300×300 像素，文件名为"瓷砖"）。

2）选择工具箱中的油漆桶工具 ，单击工具属性栏上的 前景 右边的小三角按钮，选择"图案"，单击 右侧的小三角按钮，打开"图案"拾色器。

3）单击"预设图案"窗口右上角的小三角按钮，从弹出的快捷菜单中选择"图案 2"选项，打开名称为"Adobe Photoshop"的图案替换对话框，单击"追加（A）"按钮，将"图案 2"项追加到预设图案中。

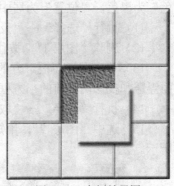

图 2-56 实例效果图

4）此时"图案 2"项中的图案已经出现在"预设图案"窗口中，选择"灰泥（131×131 像素，灰度模式）"图案，填充背景图层。

5）新建"图层 1"，选择工具箱中的油漆桶工具 ，单击"预设图案"窗口右上角的小三角按钮，从弹出的快捷菜单中选择"彩色纸"项，打开名称为"Adobe Photoshop"的图案替换对话框，单击"追加（A）"按钮，将"彩色纸"项追加到预设图案中。

6）此时"彩色纸"项中的图案已经出现在"预设图案"窗口中，选择"大理石花纹纸（128×128 像素，RGB 模式）"图案，填充"图层 1"。

7）执行"视图"→"标尺"命令，在文档窗口的上方和左侧分别显示水平标尺和垂直标尺，把鼠标指针指向标尺，右击选择标尺度量单位为"像素"。

8）选择工具箱中的 工具，把鼠标指针指向标尺，按住鼠标左键不放拖动，建立参考线，用参考线拉出格子，如图 2-57 所示。

9）选择工具箱中的单列选框工具 ，单击工具属性栏上的 添加到选区，将鼠标指针分别移动到各个垂直参考线，单击鼠标左键，选择工具箱中的单行选框工具 ，单击工具属性栏上的 添加到选区，将鼠标指针分别移动到各个水平参考线，单击鼠标左键，形成的选区如图 2-58 所示。

图 2-57 设置参考线

图 2-58 沿参考线制作选区

10）执行"编辑"→"描边"命令，弹出"描边"对话框，设置"宽度"为 1 像素，"颜色"为黑色，"位置"为居中。单击"确定"按钮，执行描边命令。

11）执行"选择"→"反向"命令，按<Ctrl+J>组合键，生成新的"图层2"。

12）删除"图层1"，按住<Ctrl>键，单击"图层2"，将"图层2"载为选区。

13）单击图层面板下方的"添加图层样式"按钮 ，弹出"图层样式"对话框，在斜面浮雕和投影两项前的小方框内单击，为图层添加斜面浮雕和投影样式。

14）执行"选择"→"取消选择"命令，此时图像效果如图2-59所示。

15）选中"图层2"，用矩形选框工具按格子的大小画出一个矩形选区，效果如图 2-60所示。

图 2-59　取消选择后的图像效果

图 2-60　绘制矩形选区

16）按<Ctrl+J>组合键复制到"图层3"。

17）按<Ctrl>组合键的同时，用鼠标单击"图层3"，载入选区，单击"图层2"，按<Delete>键删除，执行"选择"→"取消选择"命令。

18）选择"图层3"，选择工具箱中的 工具，移动"图层3"的内容，位置如图 2-61所示。

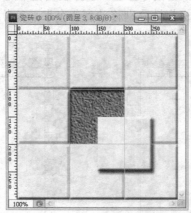
图 2-61　移动图层3的位置

19）执行"视图"→"清除参考线"命令，保存文件，完成操作。

3．知识点讲解

行选框工具和列选框工具虽然并不是常用工具，但是在制作1像素的横线或者竖线时较为方便。单行选框工具和单列选框工具可以分别选取一行或一列像素。需要强调的是选取工具选择的选区都是首尾相接、闭和的区域，单行选框工具和单列选框工具所选取的区域只有一个像素的宽度，所以选区看上去像一条虚线，但放大观看，它仍是一个闭和的区域。

标尺和参考线是 Photoshop 提供的辅助用户处理图像的工具，对图像不起任何编辑作用，仅用于测量或定位图像，使图像处理更精确，提高效率。参考线是浮在整个图像上，在打印图像时不会打印出来。

图层样式是一些特殊图层效果的集合。本节实例简单地为图层添加了投影以及添加斜面和浮雕的样式。图层在添加投影样式后，层的下方会出现一个轮廓和层的内容相同的阴影，阴影有一定的偏移量，默认情况下会向右下角偏移。例如，兰色圆图层应用"投影"图层样式前、后的变化如图 2-62a 和 2-62b 所示。

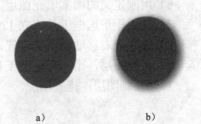

图 2-62　使用图层投影样式

a）使用投影样式前　b）使用投影样式后

添加斜面和浮雕的样式后，可在图层的图像上产生立体效果。斜面和浮雕样式包括内斜面、外斜面、浮雕、枕形浮雕和描边浮雕，虽然它们的选项都是一样的，但是制作出来的效果却大不相同。例如，图 2-62a 在内斜面样式作用下产生的效果如图 2-63a所示，在外斜面样式作用下产生的效果如图 2-63b 所示，在浮雕样式作用下产生的效果如图2-63c 所示，在枕形浮雕样式作用下产生的效果如图 2-63d 所示，在描边浮雕样式作用下产生的效果如图 2-63e 所示。

图 2-63　使用斜面浮雕样式效果

a）内斜面样式　b）外斜面样式　c）浮雕样式　d）枕形浮雕样式　e）描边浮雕样式

图层样式是 Photoshop 中的一个非常强大的功能，运用图层样式可以制作出各种眼花缭乱的效果。

4．课后练习

运用所学知识制作如图 2-64 所示的胶片效果。

图 2-64　课后练习效果图

33

解题思路

1）新建文件（30×200 像素，填充黑色背景）。

2）使用矩形选框工具建立 20×20 像素的选区，调整位置，删除内容。

3）将 20×20 像素的选区向下移动，调整位置，删除内容。

4）定义图案。

5）新建文件（600×200 像素，背景透明）。

6）用刚定义的图案填充图层。

7）使用矩形选框工具建立 120×120 像素的选区，调整位置，删除内容。

8）选区向右移动，调整位置，删除内容。

9）新建图层，用矩形选框工具建立 130×130 像素选区，调整位置，填充预设图案。

10）复制图层，排列图层。

2.2.3 小结

本节在前面课程的基础上继续深入学习了 Adobe Photoshop CS5 基本工具的使用，侧重灵活应用移动工具、选框工具、填充工具，同时学习图案、行列选框工具及标尺与参考线等工具的使用。其中对图案、行列选框工具及标尺与参考线的使用操作步骤是贯穿本节课程的主要知识点。到目前为止，虽然我们学习使用了几个常用基础工具，但是很少能独立使用其一，一般情况下都要求我们将几种工具灵活巧妙地穿插运用，使得我们的创作更加方便、高效。

2.3 Adobe Photoshop CS5 基本工具的使用三

2.3.1 实例一 可口可乐

1．本实例需掌握的知识点

1）掌握快速选择工具和魔棒工具创建选区的方法。

2）灵活区分运用快速选择工具和魔棒工具。

实例效果如图 2-65 所示。

2．操作步骤

1）打开光盘"素材"\"第 2 章"\"可口可乐"图片。

2）选择工具箱中的 魔棒工具，将工具属性栏上的容差值设置为 60，在图像的白色区域单击，生成选区效果如图 2-66 所示。

3）执行"选择"→"修改"→"扩展"命令，在弹出的对话框中将扩展量设置为 6 像素。

4）执行"编辑"→"填充"命令，在弹出的对话框

图 2-65 实例效果图

中，单击"内容"右侧的小三角按钮，选择"内容识别"，按<Ctrl+D>组合键取消选取，填充效果如图 2-67 所示。

图 2-66　魔棒制作选区

图 2-67　内容识别填充效果

5）打开光盘"素材"\"第 2 章"\"美女"图片。

6）选择工具箱中的快速选择工具，单击打开工具属性栏上的"画笔"选取器，设置大小为 20，硬度为 60%，在图像的背景区域单击，生成选区效果如图 2-68 所示。

7）按住<Alt>键，单击胳膊、头部以及部分头发，此时生成选区效果如图 2-69 所示。

图 2-68　快速选取的选区

图 2-69　按<Alt>键快速选取的选区

8）执行"选择"→"反向"命令。

9）单击快速选择工具属性栏上的"调整边缘"按钮，弹出"调整边缘"对话框，视图模式设置为"白底"，勾选"智能半径"，单击"输出到"右侧的小三角按钮，选择"新建图层"，在发丝的部位进行涂抹，效果如图 2-70 所示。

10）选择工具箱中的移动工具，将新生成的图层拖拽到可口可乐文件中，调整美女图片的位置，并将该图层的混合模式设置为"颜色加深"。

11）保存文件。

35

图 2-70　调整边缘设置快速选择发丝

3．知识点讲解

（1）魔棒工具　魔棒工具选取对象是根据图像的颜色进行选取，而不必跟踪其轮廓。一般情况下，魔棒工具都是用来选择颜色相同或比较相近的区域，对色调反差比较大或者类似颜色较多的图片，也可以采用魔棒工具进行快速选取。

使用魔棒工具进行选取的操作非常简单，选择工具箱中的 魔棒工具，根据实际情况设置其属性，在图片中用鼠标单击要选择的颜色区域中的某一点，即可自动完成选区操作。

强调一点：不能在位图模式的图像中使用魔棒工具。

选择工具箱中的 魔棒工具，其工具属性栏如图 2-71 所示。

图 2-71　魔棒工具容差值

在选项栏中，有选取工具的共同属性，创建新选区▣、添加到选区▣、从选区减去▣、与选区交叉▣，在前面的学习过程中已经详细介绍，不再重复。

1）"容差"选项：用于设定魔棒工具在创建选区时，对颜色差异的允许程度。容差的范围在 0～255 的像素值，一般设置在 30 左右。输入的容差值较小时，选择的像素颜色与单击的像素颜色非常相似，若将容差值设置为 0，则只选取一种颜色；输入的容差值较大时，选择的像素颜色比较宽，若将容差值设置为 255，则选取所有颜色，即全选。

例如，实例中用到的"蝴蝶"图片，选择魔棒工具，设置容差值，然后单击蝴蝶翅膀中的橙色部分，若将容差值设置为 5，效果如图 2-72a 所示；将容差值设置为 30，效果如图 2-72b 所示；将容差值设置为 100，效果如图 2-72c 所示。

a)　　　　　　　　　　　　　b)　　　　　　　　　　　　　c)

图 2-72　魔棒工具属性栏

a) 容差值为 5　b) 容差值为 30　c) 容差值为 100

2）"连续"选项：若勾选此项，则只选择相似的颜色且相邻的区域；否则，相似颜色的所有像素都将被选中。例如，使用魔棒工具选择图片"花"中的黄色部分，若勾选"连续"选项，效果如图 2-73a 所示；未勾选"连续"选项，效果如图 2-73b 所示。

a) b)

图 2-73　连续选项

a) 勾选效果　b) 未勾选效果

3）"消除锯齿"选项：若勾选此项，则可以使选取的边缘更加平滑。

用"对所有图层取样"选项：若选择此项，可以在全部图层中选择类似的颜色。若未选择此项，则只在当前处于激活状态下的图层中进行选取。例如，在本实例文件中，选择魔棒工具，注意不选择"连续"选项，选择"对所有图层取样"，单击蝴蝶翅膀中的黑色部分，效果如图 2-74a 所示；未选"对所有图层取样"，效果如图 2-74b 所示。

a) b)

图 2-74　对所有图层取样选项

a) 选择　b) 未选择

4）"调整边缘"：此功能可以提高选区边缘的品质并允许对照不同的背景查看选区，以实现轻松编辑选区的目的，该功能只在目前最新的 Photoshop CS5 版本中才有。首先在图像中创建选区，然后执行"选择"→"调整边缘命令"，或按下工具选项栏中的"调整边缘"按钮，可以打开"调整边缘"对话框，如图 2-75 所示。

① 视图模式：用来设置选区的预览方式，例如，单击黑底图标，可在黑色背景下预览选区；单击白底图标，可在白色背景下预览选区。

② 智能半径：用来确定选区边界周围的区域大小，增加半径，可以在包含柔化过度或细节的区域中创建更加精确的选区边界，如短的毛发中的边界，或模糊边界等。

③ 对比度：可以锐化选区边缘，并去除模糊的不自然感。增加对比度可以移去由于半径

设置过高而导致在选区边缘附近产生的过多杂色。

④ 平滑：用于减少选区边界中的不规则区域，创建更加平滑的轮廓。

⑤ 羽化：可为选区设置羽化，范围为 0～250 像素。可以产生与羽化命令相同的结果。

⑥ 移动边缘：它们与收缩和扩展命令相同，正值为扩展边界，负值为收缩边界。收缩选区有助于从选区边缘移去不需要的背景色。

⑦ 输出到：选择选区输出的方式，例如，本例中输出到新建图层，将选区内容呈现在新的图层上，相当于选区确定后，按<Ctrl+J>组合键。

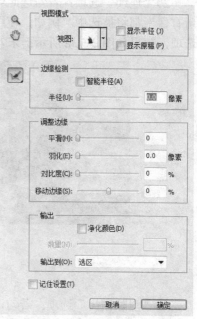

图 2-75 "调整边缘"对话框

（2）快速选择工具　快速选择工具和魔棒工具的相同点在于它们都可以选择某个不规则范围的选区，建立选区的速度非常快。

区别：快速选择工具是通过调节画笔大小来控制选择区域的大小。形象一点说就是可以"画"出选区，功能很强大，而魔棒工具是通过调节容差值来调节选择区域，一次只能选择"一片"区域。如果要选择整个图片上相似的颜色区域，可以先用魔棒来选择某一块颜色，然后在菜单栏里选择"选择"→"选取相似"命令，快速选择工具是没有容差值这个属性的。

两种工具使用时配合快捷键会更方便：按<Shift>键加选选区，按<Alt>键是减选选区。

4．课后练习

打开光盘"素材"\"第2章"\"蝴蝶"和"花"图片，完成如图 2-76 所示的效果。

解题思路

1）新建文件。

2）打开光盘"素材"\"第2章"\"蝴蝶"和"花"图片，选择工具箱中的 移动工具，分别将素材图片"蝴蝶"和"花"拖拽到新建文件中，将素材"蝴蝶"的图片置于顶层。

3）选择工具箱中的 魔棒工具，灵活设置容差值，在图层"蝴蝶"的白色区域单击，反选出蝴蝶。

图 2-76　课后练习效果图

2.3.2　实例二　回归

1．本实例需掌握的知识点

1）熟练使用套索工具创建选区。

2）掌握在放大视图中灵活控制套索工具。

3）灵活选择"套索"、"多边形套索"和"磁性套索"工具创建选区。

实例效果如图 2-77 所示。

图 2-77　实例效果图

2．操作步骤

1）新建文件 790×560 像素。

2）打开光盘"素材"\"第 2 章"\"豹子"和"森林"图片。

3）选择工具箱中的 移动工具，分别将素材图片"豹子"和"森林"拖拽到新建文件中，将素材"豹子"的图片置于顶层，图层命名为"豹子"，将素材"森林"所在图层命名为"森林"。

4）分别调整两个图层的位置。

5）选择图层"豹子"，选择工具箱中的缩放工具 ，单击工具属性栏上的放大按钮 ，将视图的显示比例放大到 300%。

6）将鼠标指针移动到工具箱中的 套索工具，按住鼠标左键，选择工具箱中的磁性套索工具 ，在工具属性栏上设置宽度为 5 像素，边的对比度为 5%，频率为 80，工具属性栏上的设置效果如图 2-78 所示。

羽化: 0 px　☑ 消除锯齿　宽度: 5 px　边对比度: 5%　频率: 80

图 2-78　设置磁性套索工具属性栏

7）使用磁性套索工具 ，沿"豹子"的外轮廓制作选区，"豹子"头部的选取效果如图 2-79 所示。

8）按住空格，鼠标指针变为手，向右拖动，改变显示内容，效果如图 2-80 所示。

图 2-79　绘制选区轮廓

图 2-80　变指针为手形拖动图像改变显示内容

9）移动到合适位置，松开空格键，继续使用磁性套索工具 ，沿"豹子"的外轮廓制作选区。

10）按<Ctrl>和<->键，缩小显示比例到 100%，使用磁性套索工具 ，完整选取效果如图 2-81 所示。

图 2-81 使用套索工具选择豹子的完整轮廓

11）双击鼠标，得到豹子的外轮廓制作选区。

12）执行"选择"→"修改"→"收缩"命令，收缩 1 像素。

13）执行"选择"→"羽化"命令，羽化 1 像素。

14）按<Ctrl＋J>组合键，得到图层 3，隐藏"豹子"图层，图像以及图层效果如图 2-82 所示。

图 2-82 图像效果及图层面板

15）选择工具箱中的多边形套锁工具，在工具属性栏上设置宽度为 5 像素，选中"森林"图层，沿着树轮廓制作选区，效果如图 2-83 所示。

图 2-83 制作树的选区

16）双击鼠标，得到选区，按<Ctrl＋J>组合键，得到图层 4。

17）删除"豹子"图层。复制图层 3，生成图层 3 副本，将图层 3 副本移动到图层 4 下方，选择工具箱中的移动工具 ，移动图层 3 副本中豹子的位置，此时图层内容以及图层面板效果如图 2-84 所示。

图 2-84　复制图像并调整位置

18）保存文件。

3．知识点讲解

（1）"套索"工具　"套索"工具包括"套索"、"多边形套索"和"磁性套索"，经常用于通过跟踪图像区域来创建选区。使用任何一种"套索"工具，都是先单击鼠标开始创建选区，然后拖动鼠标直到选区创建完成；如果没有返回选区的开始点，每个工具会自动封闭选区（选区都是闭合的）。一般情况下，"套索"工具用于创建自由选区，"多边形套索"工具用于创建多边形形状的选区，"磁性套索"工具用于创建精确的选区，能自动地对齐到图像的边缘，使用起来非常节省时间。

与"套索"和"多边形套索"一样，"磁性套索"工具也具有"羽化"和"消除锯齿"选项，除此之外，它还有 3 种设置。

1）"宽度"设置用于控制图像边缘的检测，根据这个值来决定距离一个点多远来寻找图像边缘，当这个值被设置为 5 像素时，磁性套索工具将 5 个像素之内都看作图像边缘。使用工具时，按<[>或<]>键可以实时增加或减少采样宽度。

2）"频率"控制定位点创建的频率，设定范围在 0～100，数值越大，越能更快地固定选择边缘。

3）"边对比度"用于控制"磁性套索工具"沿着图像边缘，对不同的对比度做出反应。若数值低，则将检测低的对比度边缘。

（2）选取恰当的套索工具　"套索"工具使用的频率较高，在使用过程中一定要灵活。一般套索工具操作时要求一气呵成，这对于初学者而言，掌握起来有一定的难度；对于边界明显的对象，推荐使用磁性套索工具，边界不明显的对象，推荐使用一般套索工具；建立边角较多的选区就使用多边形套索工具。

（3）在放大视图中灵活控制套索工具　在使用套索工具创建选区时，往往需要放大或缩小视图，但此时不能使用"缩放工具"，只能使用其快捷键 Ctrl 和+来放大视图，使用 Ctrl

和-来缩小视图。

在视图显示比例较大的情况下，需要按住空格键，转换成  手形工具，即可移动视窗内图像的可见范围。

4．课后练习

打开光盘"素材"\"第 2 章"\"水果"图片，用套索工具选取对象，完成如图 2-85 所示的效果。

解题思路

新建文件，使用多边形套索工具选取西瓜，使用磁性套索工具选取盘子和其他水果，移动图层。

图 2-85　课后练习效果图

2.3.3　实例三　扇子

1．本实例需掌握的知识点

1）熟练掌握自由变换和操控变形的应用。

2）理解自由变换中辅助功能键<Ctrl>、<Shift>、<Alt>和<T>的含义。

3）理解操控变形的工作原理。

4）了解裁切工具和旋转视图工具的使用。

实例效果如图 2-86 所示。

图 2-86　实例效果图

2．操作步骤

1）新建文件，名称为"扇子"，大小设置为 600×600 像素，分辨率为 72，RGB 颜色模式，背景内容为透明。

2）选择工具箱中矩形选框工具，创建一个矩形选区。

3）选择工具箱中的渐变填充工具，单击工具属性栏上的，打开"渐变编辑"对话框，编辑渐变色，设置从灰色（R：160，G：160，B：160）到白色（R：255，G：255，B：255）的渐变色。

4）单击"确定"按钮，回到渐变填充工具的属性栏，单击"线性渐变"按钮，在选区上，从左向右，按住鼠标拖拽，到边界松开鼠标，填充颜色，效果如图 2-87 所示。

5）按<Ctrl＋D>组合键，取消选择。

6）按<Ctrl+T>组合键，矩形的周边会出现 8 个方形控制点，单击鼠标右键，在快捷菜单中选取"扭曲"命令，将左下角和右下角的方形控制点向下方中间控制点拖动，扭曲效果如图 2-88 所示，按<Enter>键确认扭曲变形。

图 2-87   创建并填充矩形区域   图 2-88   进行扭曲变形

7）单击图层面板下方的"新建"按钮 ▣ ，创建新图层"图层 2"。

8）重复操作步骤 2）、3）、4），创建扇子的骨架，并用椭圆工具抠出中心点，效果如图 2-89 所示。

9）拖动图层 2 到图层 1 下方，单击图层面板右上角的小三角按钮，从弹出的快捷菜单中选择"合并可见图层"命令。

10）拖动图层 1 到图层面板下方的"新建"按钮▣，创建图层 1 的副本，按<Ctrl+T>组合键，将中心控制点移到空心小圆位置，效果如图 2-90 所示。

11）将光标停放在右上角的方形控制点，指针形状变为 ，拖动鼠标旋转扇面，如图 2-91 所示，再松开鼠标。

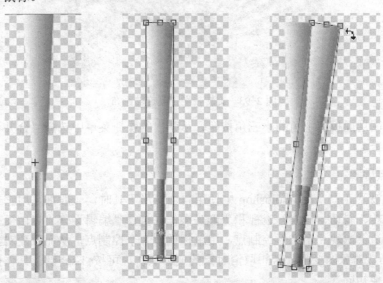

图 2-89   建立扇架   图 2-90   移动中心控制点   图 2-91   旋转变换效果

12）按<Enter>键完成操作。

13）同时按<Ctrl>、<Shift>和<Alt>键，连续按六次<T>键，旋转复制形成扇子，文件窗口以及图层效果如图 2-92 所示。

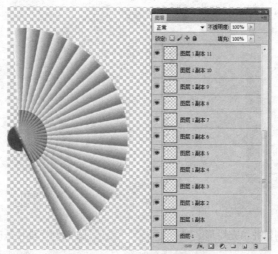

图 2-92　变换效果和图层面板

14）选择工具箱中的裁剪工具 <img>，对图像进行合理的裁切。

15）选择工具箱中的旋转视图工具 <img>，对画布进行旋转，效果如图 2-93 所示。

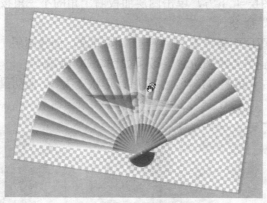

图 2-93　旋转视图工具旋转画布

16）单击图层面板右上角的小三角按钮，从弹出的快捷菜单中选择"合并可见图层"命令，保存文件。

3．知识点讲解

（1）自由变形工具　在 Photoshop 中使用自由变形工具时，一般都是用它来对选定对象进行缩放、旋转、斜切、扭曲、透视和变形等操作。执行"编辑"→"自由变换"命令，在选定对象的周边会出现 8 个方形控制点，用鼠标调节 8 个控制点，从而改变对象的外形。按<Enter>键即确认对象的变形，若想取消对象的变形操作，可按<Esc>键。具体操作步骤与前面学习选区变换相同。

自由变换的快捷键为<Ctrl+T>，辅助功能键包括<Ctrl>、<Shift>、<Alt>，其中<Ctrl>键控制自由变化；<Shift>键控制方向、角度和等比例放大缩小；<Alt>键控制中心对称。

1）不使用辅助功能键，只用鼠标拖动。鼠标左键按住变形框角点，实现对角不变的自由变形；鼠标左键按住变形框边点，实现对边不变的等高或等宽的自由变形；鼠标左键在变形框外拖动，实现自由旋转。

2）按下<Ctrl>键，用鼠标拖动。鼠标左键按住变形框角点，对角为直角的自由四边形；鼠标左键按住变形框边点，实现对边不变的自由平行四边形；<Ctrl>键对角度无影响。

3）按下<Shift>键，用鼠标拖动。鼠标左键按住变形框角点，等比例放大或缩小。

4）按下<Alt>键，用鼠标拖动。鼠标左键按住变形框角点，中心对称自由矩形；鼠标左键按住变形框边点，中心对称的等高或等宽自由矩形；<Alt>键对角度无影响。

5）旋转复制。旋转复制"自由变换"命令的巧妙运用，执行"自由变换"命令后，在工具属性栏中相应的参数可以自由地控制变换的高度、宽度、旋转角度等属性。按两次<Enter>键后，同时按<Ctrl>、<Shift>和<Alt>键，连续按<T>键，可重复执行"自由变换"的"旋转复制"命令。每按一次<T>键，旋转复制命令就会被执行一次，其变化的数值是在上一次变换命令的基础上进一步变化。

其实，如果能完全理解"辅助功能键中<Ctrl>键控制自由变化，<Shift>控制方向、角度和等比例放大缩小，<Alt>键控制中心对称"的含义，在各种对象任意变形中就可以灵活实现多种变形效果。另外，<Ctrl>、<Shift>、<Alt>这三个键，在对通道、图层、蒙板等的控制上也有极大的帮助。

（2）操控变形　操控变形是 Photoshop CS5 新增的功能之一，它提供了一种可视的网格，借助该网格，用户可以随意地扭曲特定图像区域的同时保持其他区域不变。应用范围小至精细的图像修饰，大至总体的变换。

执行"编辑"→"操控变形"命令，在图像上出现网格，如图 2-94 所示。

a)　　　　　　　　　　　　　　　　　　　　b)

图 2-94　添加"操控变形"命令
a）未添加"操控变形"命令　b）添加"操控变形"命令后

"操控变形"的选项栏设置如图 2-95 所示。

图 2-95　"操控变形"的选项栏

1）模式：确定网格的整体弹性。为适用于对广角图像或纹理映射进行变形的极具弹性的网格选取"扭曲"。

2）浓度：确定网格点的间距。较多的网格点可以提高精度，但需要较多的处理时间；较少的网格点则反之。

3）扩展：扩展或收缩网格的外边缘。

4）显示网格：取消选中可以只显示调整图钉，从而显示更清晰的变换预览。

5）图钉深度：在图像窗口中，单击要变换的区域和要固定的区域添加图钉，然后通过拖动图钉来调整图钉的位置，实现对图像进行变形操作，如图 2-96 所示。

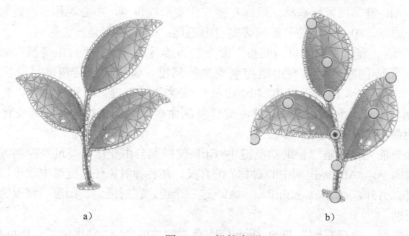

图 2-96　操控变形

a）未添加图钉　b）添加图钉并调整图钉位置

要移去选定图钉，则按<Delete>键。要移去其他各个图钉，则将光标直接放在这些图钉上，然后按<Alt>键，当剪刀图标 ✂ 出现时，单击该图标。单击选项栏中的"移去所有图钉"按钮 ↻ 则取消所有图钉。要选择多个图钉，请按住<Shift>键的同时单击这些图钉，或从上下文菜单中选择"全选"。变换完成后，按<Enter>键或单击工具栏上的 ✔ 按钮进行确认。

操控变形的功能非常强大，灵活运用能大大提高我们的工作效率。

（3）裁剪工具　裁剪是移去部分图像以形成突出或加强构图的效果。使用裁剪工具或执行"图像"→"裁剪"命令裁剪图像。操作步骤是先选择工具箱中的裁剪工具，然后对图像进行大小取样，按<Enter>键或单击选项栏中的"提交"按钮，完成操作。如果要取消裁切操作，按<Esc>键或单击选项栏中的"取消"按钮。裁剪工具属性栏如图 2-97 所示。

| 壮 ▾ | 裁剪区域 | ● 删除 | ○ 隐蔽 | 裁剪参考线叠加：| 三等分 ▾ | ✓ 屏蔽 | 颜色：■ | 不透明度：75% | ▸ | ✓ 透视 |

图 2-97　裁剪工具属性栏

1）裁剪区域：选择"隐蔽"选项将裁剪区域保留在图像文件中。可以通过用移动工具移动图像来使隐藏区域可见。选择"删除"选项将去掉裁剪区域。（对于只包含背景图层的图像，"隐藏"选项不可用，必须将背景图层转换为常规图层。）

2）裁剪参考线叠加：选择"三等分"可以添加参考线，以帮助 1/3 增量放置组成元素。选择"网格"可以根据裁剪大小显示具有间距的固定参考线。

3）屏蔽：裁剪屏蔽可以遮蔽要删除或隐蔽的图像区域。选中"屏蔽"时，可以为屏蔽指定颜色和不透明度，取消选择"屏蔽"后，裁剪选框外部的区域即显示出来。

执行"图像"→"裁切"命令也可以裁剪图像，"裁切"是通过移去不需要的图像数据来裁剪图像，使用的方式与"裁剪"命令使用的方式不同，可以通过裁切周围的透明像素或指定颜色的背景像素来裁剪图像。

图 2-98　"裁切"对话框

"裁切"对话框如图 2-98 所示。

"透明像素"修整图像边缘的透明区域，留下包含非透明像素的最小图像，使用"左上角像素颜色"可从图像中移去左上角像素颜色的区域，使用"右下角像素颜色"可从图像中移去右下角像素颜色的区域。可选择一个或多个要修整的图像区域："顶"、"底"、"左"、"右"。

（4）旋转视图工具　使用"旋转视图"工具可以在不破坏图像的情况下旋转画布，这不会使图像变形。旋转画布在很多情况下都适用，能使绘画或绘制更加省事（需要 OpenGL）。选择"旋转视图"工具，然后在图像中单击并拖动，以进行旋转。无论当前画布是什么角度，图像中的罗盘都将指向北方。"旋转视图"工具属性栏如图 2-99 所示。

旋转角度: -80度　复位视图　□旋转所有窗口

图 2-99　"旋转视图"工具属性栏

在"旋转角度"字段中输入数值（以指示变换的度数）。要将画布恢复到原始角度，则单击"复位视图"。当打开多个文件时，可以勾选"旋转所有窗口"。

4. 课后练习

打开光盘"素材"\"第 2 章"\"鱼.psd"文件，运用本节课所学知识完成如图 2-100 所示的效果。

图 2-100　课后练习效果图

解题思路

1）打开文件，复制图层鱼，复制 3 份。

2）选中鱼图层，移动鱼的位置，执行"编辑"→"操控变形"命令，在鱼的头部、中间和尾部分别添加图钉，拖动图钉来调整变形。

3）选中鱼副本图层，移动鱼的位置，按<Ctrl+T>组合键，先对鱼进行等比例缩放，然后执行"编辑"→"操控变形"命令，在需要的位置添加图钉进行调整。

4）鱼副本 2 和鱼副本 3 图层参照步骤 3）进行操作。

2.3.4　小结

本节课程主要学习运用套锁工具、魔术棒工具创建选区，运用自由变换和操作变形命令对对象进行变形处理，灵活运用旋转复制命令快速建立新图像以及使用裁剪工具对图像进行裁剪。利用套锁工具、魔术棒工具创建选区时，需要认真分析图像的特点，恰当并准确地选择选取工具；对使用自由变换命令对对象进行变形处理的学习，与前段学习的选区变换相似，可以触类旁通；真正理解并掌握自由变换辅助功能键<Ctrl>、<Shift>、<Alt>和<T>的使用是本节课程的学习难点，但也是主要知识点，需要多做练习，熟练操作步骤，最终借助它们可以灵活实现多种变形效果。

本 章 总 结

本章主要学习 Adobe Photoshop CS 基本工具的使用，主要内容是文件的基础操作，图层的简单应用，选区的操作，移动工具的使用，变换命令与旋转复制及裁剪工具等，其中使用选区工具创建和选取对象是贯穿本章的主要知识点，不论是创建新图像还是编辑已有的图像，都离不开它；基本工具的深入理解和巧妙运用为我们今后的学习打下坚实的基础。希望借鉴教学实例，发挥你的创造和想象力，将基本工具的功能充分发挥到设计中去。

第 3 章　Adobe Photoshop CS5 绘图修饰及图像编辑

学习目标

1）了解画笔工具组中各种工具的用途，掌握它们的使用方法及画笔形状、大小、模式等属性的设置并能够创建新的预设画笔。

2）了解混合画笔工具的用途，掌握它们的使用方法、属性及其调板的设置。

3）了解仿制图章、图案图章的用途，掌握它们的使用及定义图案图章工具的方法。掌握使用"内容识别"的方法配合仿制图章快速修图及配合图章工具使用"仿制源"复制图像的方法。

4）了解修复画笔工具及修补工具的用途，掌握它们的使用及属性设置的方法。

5）了解污点修复工具及红眼工具的用途，掌握它们的使用及属性设置的方法。

6）了解加深、减淡、涂抹工具的用途，掌握它们的使用及属性设置的方法。

7）掌握使用菜单栏中"图像"→"调整"中部分命令对图像进行色彩的调整。

8）掌握创建路径的方法，学会使用选择工具及转换点工具，能运用路径进行复制、剪切、粘贴及描边等操作，并掌握形状工具及自定义形状工具的使用方法。

9）了解全景图，掌握使用拼合全景图的方法进行图像合并。

10）掌握实现景深的混合方法。

3.1　画笔与铅笔工具

3.1.1　实例一　包装图案设计——中国红

1. 本实例需掌握的知识点

1）铅笔、画笔工具的使用及其属性的设置。

2）画笔预设的方法及选择适当的画笔。

3）画笔调板的使用。

实例效果如图 3-1 所示。

2. 操作步骤

1）打开光盘"素材"\"第 3 章"\"包装.jpg"图片。

2）选择工具箱中的 工具，单击画笔工具属性栏上的 ，打开"画笔预设选取器"对话

图 3-1　实例效果图

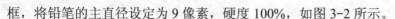
框，将铅笔的主直径设定为 9 像素，硬度 100%，如图 3-2 所示。

3）设前景色 R：171、G：163、B：116，按住<Shift>键，在图中相应位置画竖线。

4）用同样的方法分别设铅笔直径为 6 像素及 3 像素，设前景色 R：102、G：94、B：47 及默认前景色黑色在图中相应位置画其他两条竖线，效果如图 3-3 所示。

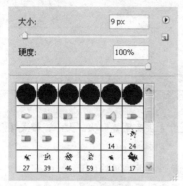

图 3-2　设置画笔属性　　　　　　　　图 3-3　绘制右侧竖线

5）打开光盘"素材"\"第 3 章"\"图案 1.jpg"图片。

6）执行"编辑"→"定义画笔预设选项"命令，在弹出的"画笔名称"对话框中默认画笔名称为"图案 1.jpg"，如图 3-4 所示。

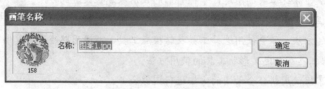

图 3-4　定义画笔

7）打开光盘"素材"\"第 3 章"\"包装.jpg"图片。

8）选择工具箱中的　工具，单击在工具属性栏上画笔预设选取器旁边的　，调出画笔预设选取器调板，在下方的画笔列表预览中找到刚刚设定的"图案 1"画笔，如图 3-5 所示。

9）新建图层 1，设画笔主直径为 158px；前景色为 R：251、G：244、B：218，在画面适当位置点画，效果如图 3-6 所示。

10）选择背景层，用　工具，选择红色区域，如图 3-7 所示。

11）新建图层 2，位置在图层 1 和背景层之间。

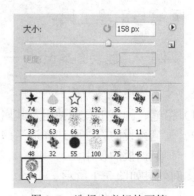

图 3-5　选择定义好的画笔

12）打开光盘"素材"\"第 3 章"\"图案 2.jpg"图片，执行"编辑"→"定义画笔预设"命令，在弹出的"画笔"名称窗口中默认画笔名称为"图案 2"。

13）设画笔主直径为 80px；前景色为 R：251、G：244、B：218，适当旋转笔尖，在合适位置点画，效果如图 3-8 所示。

图 3-6　绘制

图 3-7　用魔术棒进行选择

图 3-8　点画

14）用同样方法定义"图案 3"画笔，素材图片为光盘"素材"\"第 3 章"\"图案 3.jpg"
图片。

15）新建图层 3，使其位于图层 2 与背景层之间，设画笔主直径为 50px；前景色为 R：
254、G：219、B：93，在画笔调板中设置画笔属性，即散布随机性的值为 246%，在图中适
当位置点画，由于散布的值是随机的，所以达到的效果不完全相同，应多加尝试，直到自己
满意为止，完成最后效果。

16）合并图层，保存文件为"中国红.jpg"。

3．知识点讲解

（1）画笔工具　在画笔工具中有混合画
笔、基本画笔、书法画笔、带阴影画笔、自
然画笔等多种多样的画笔形式，可根据需要
选择相应的种类。调入方法如下。

1）选择工具箱中的 ✐ 工具，在画笔工
具属性栏中打开"画笔预设"选取器，单击
画笔列表框右上角的 ▸ 按钮，弹出分级子菜
单，如图 3-9 所示。

2）在画笔菜单中，单击所需要的画笔，
如载入书法画笔，弹出如图 3-10 所示的对话
框。单击"确定"或"追加"，此类型画笔即
被载入使用。

（2）画笔工具属性栏　在画笔工具属性
栏中，"不透明度"是画笔的透明度，可以通
过单击右侧的 ▸ 来对其透明度进行设置，数
值越低透明度越大；反之越小。"流量"决定

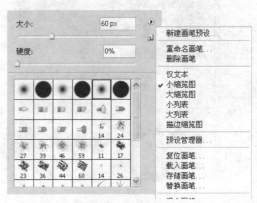

图 3-9　载入画笔

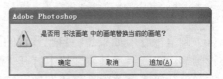

图 3-10　替换当前画笔

画笔在绘画时的压力大小，数值越大，画笔在绘画时的压力越大，喷出的颜色越深；反之越
小、越浅。

（3）画笔绘图范围　在使用画笔绘图时，由于图形的范围变化，需要随时调整画笔主直径的大小，来适应图形区域，此时可按<[>与<]>键来进行任意调整。

（4）预设画笔　任何现成的图案都可以作为画笔进行预设创建，对于要选择的图案，可用任何选区工具，需要轮廓清晰的，不设置羽化效果；若要边缘柔和的画笔，需适当调整羽化值。颜色的设置对于自定义画笔来说，只具有明度的变化，而没有自身的色彩，它的色彩要在绘制时设定。

（5）画笔调板　除了直径、硬度等基本的属性外，还可以对笔刷进行一些非常详细的设定，这些都可以在画笔调板中进行设置。

例如，用画笔对光盘"素材"\"第3章"\"婚纱.jpg"图片进行处理，选择工具箱中的 ✐ 工具，设置画笔属性，如图3-11所示。打开画笔调板，在"画笔笔尖形状"的选项中选择散布枫叶74，间距调为90%；设置其"形状动态"，具体设置如图3-11a；设置其"散布"，具体设置如图3-11b；还可设置"其他动态"、"喷笔"、"颜色动态"等。用设置好的画笔适当在图形上点画，在点画时根据需要自由调整画笔的主直径大小及颜色，达到最终效果如图3-12所示。画笔调板中具备多种属性，在绘制的过程中需要不断试验各种不同的效果才能达到理想的效果。

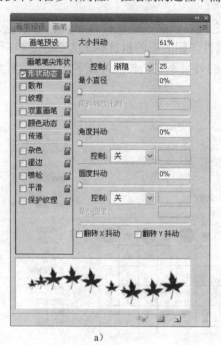
a)

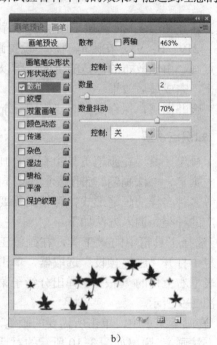
b)

图3-11　画笔属性设置

a）调整"形状动态"　b）调整"散布"

（6）画笔保存　如果想将自己预设的画笔保存起来，下次继续使用，可以先选择定义好的预设画笔，在画笔工具属性栏中打开"画笔预设"选取器，单击画笔列表框右上角的 ⊙ 按钮，在弹出分级子菜单中选择"存储画笔"，即可将画笔保存，画笔文件的扩展名为.abr。

（7）硬毛刷笔尖　在Photoshop CS5中新增了硬毛刷笔尖，可以通过硬毛刷笔尖指定精确的毛刷特性，从而创建十分逼真、自然的描边。配合混合器画笔工具使用还会达到水粉画或油画等绘画的效果，详见3.1.2实例二。

图 3-12 "婚纱"效果图

在"画笔"面板中设置硬毛刷笔尖和各选项，如图 3-13 所示。

形状用来确定硬毛刷的整体排列；硬毛刷用来控制整体的毛刷浓度；长度用来更改毛刷长度；粗细用来控制各个硬毛刷的宽度；硬度用来控制毛刷灵活度，在较低的设置中，画笔的形状容易变形。要在使用鼠标时使描边创建发生变化，就要调整硬度设置；角度用来确定使用鼠标绘画时的画笔笔尖角度；间距用来控制描边中两个画笔笔迹之间的距离，当取消选择此选项时，光标的速度将确定间距；硬毛刷画笔预览是用来显示反映出上述设置的变化的画笔笔尖以及当前的压力和描边角度。

（8）颜色替换　在画笔工具组中还有另外一种工具，颜色替换工具 ，它的工作原理是用前景色替换图像中指定的像素，因此使用时需选择好前景色。选择好前景色后，在图像中在需要更改颜色的地方涂抹，即可将其替换为

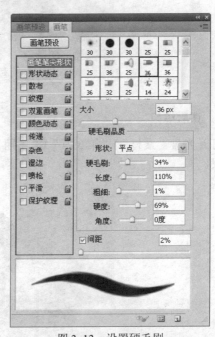

图 3-13　设置硬毛刷

前景色，不同的绘图模式会产生不同的替换效果，可以替换当前图形的"颜色"、"饱和度"、"色相"、"亮度"，可根据需要进行对对象的编辑，常用的模式为"颜色"。

如：用  工具对图 3-14 中小鸟的羽毛进行替换。

打开光盘"素材"\"第 3 章"\"小鸟.jpg"图片，选择工具箱中的 工具，设置其属性如图 3-15 所示，分别设置前景色 R：74、G：202、B：145 及 R：209、G：120、B：231，在小鸟的羽毛处进行涂抹，在涂抹的时候要注意轮廓的细节部分，根据需要放大图形并适当调小画笔的主直径，以使绘制区域准确，完成后的效果如图 3-16 所示。

图 3-14 "小鸟"原图

图 3-15 颜色替换工具的属性设置

图 3-16 替换颜色后的效果图

4. 课后练习

打开光盘"素材"\"第 3 章"\"飞翔"图片，用工具箱中的 工具完成如图 3-17 所示的效果。

图 3-17 课后练习效果图

解题思路

使用工箱中的 工具分别对背景、翅膀、衣服、皮肤等进行颜色替换，在替换时注意边缘的细节，要适当调整画布及画笔的大小进行操作。

3.1.2　实例二　混合器画笔工具——山间茅屋

1. 本实例需掌握的知识点

1）混合器画笔工具的使用方法。

2）混合器画笔属性的设置。

3）混合器画笔调板的使用。

实例效果如图 3-18 所示。

图 3-18　实例效果图

2. 操作步骤

1）打开光盘"素材"\"第 3 章"\"山间茅屋.jpg"图片。

2）执行"图层"→"复制图层"命令，在弹出的"复制背景图层"对话框中单击"确定"按钮，建立"背景副本"图层。

3）选择工具箱中的 工具，在工具属性栏的模式选项中选择"非常潮湿，深混合"，并单击 按钮，调出画笔调板，点选 画笔 标签，在右侧的画笔列表预览中选择 画笔。勾选"喷枪"选项，并设置如图 3-19 所示的画笔参数。

4）开始在屋顶处顺着茅草的方向拖动笔刷，完成屋顶的绘制，效果如图 3-20 所示。

5）接着开始描绘除树干外的树冠部分，绘制时采用转着圈移动笔刷的方法。可以根据需要随意调整笔刷的大小来画一些细节，效果如图 3-21 所示。

6）将笔刷的硬度调至 98%，用同样的方法来绘制草地，效果如图 3-22 所示。

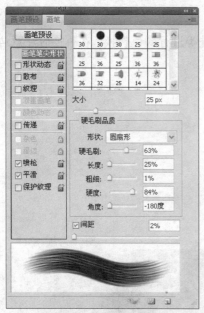

图 3-19　画笔参数设置

图 3-20　绘制屋顶

图 3-21　绘制树冠

图 3-22　绘制草地

7）描绘墙板、木栏、树干及石基。在画笔调板中重新选定 🖌 画笔，并设置如图 3-23 所示的画笔参数，从一个固定点沿着墙、木栏、树干、石基来拖动笔刷。可以根据需要随意调整笔刷的大小来画一些细节，效果如图 3-24 所示。在绘制的时候需要耐心、细致才会得到满意的作品。

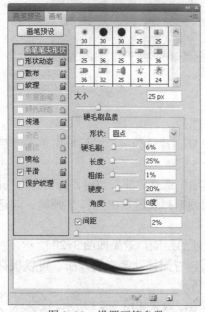

图 3-23　设置画笔参数

图 3-24　绘制描绘墙板、木栏、树干及石基

8）合并图层，保存文件为"山间茅屋.jpg"。

3．知识点讲解

1）混合画笔工具。运用 Photoshop CS5 新增的混合画笔工具处理图片，即使没有美术基础也可以实现水粉画或油画风格的漂亮图画。

2）混合画笔属性工具栏。它与画笔工具一样，在其属性工具栏上单击 按钮，打开画笔下拉列表，如图 3-25 所示。我们可在这里找到自己需要的画笔，使用 Photoshop CS5 新增加的硬笔刷，就可以很轻易地描画出各种风格的效果。

3）"每次描边后载入画笔" 和"每次描边后清理画笔" 两个按钮，控制了每一笔涂抹结束后对画笔是否更新和清理。类似于画家在绘画时一笔过后是否将画笔在水中清洗的选项。

4）图 3-26 是"混合模式"的类型，其中是设置好的混合画笔。当选择某一种混合画笔时，右边的四个选择设置值会自动调节为预设值，如图 3-27 所示。其中潮湿是指设置从画布拾取的油彩量；载入是指设置画笔上的油彩量；混合是指设置颜色混合的比例；流量是指流动速率。

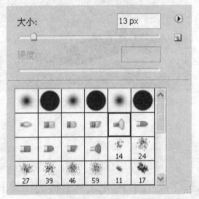

图 3-25　新增的硬笔刷

图 3-26　硬笔刷的混合模式

图 3-27　硬笔刷属性参数设置

5） 喷枪是画笔在一固定的位置一直描绘时，画笔会像喷笔那样一直喷射色彩。如果不启用这个模式，则画笔只描绘一下就停止流出颜色。

6）"对所有图层取样"是默认将所有图层合并，并将当前混合画笔作用于这一单独的合并图层。

4．课后练习（向日葵）

打开光盘"素材"\"第 3 章"\"向日葵"图片，用工具箱中的 工具完成如图 3-28 所示的效果。

解题思路

选用圆角笔刷绘制向日葵的茎、蕊及

图 3-28　课后练习效果图

向日葵的主体，选用圆扇形硬笔刷绘制向日葵的叶子、云及远处成片的向日葵。硬笔笔刷参数设置如图 3-29、图 3-30 所示。

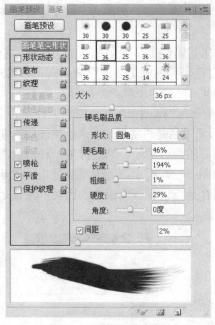

图 3-29　设置硬笔刷参数 1

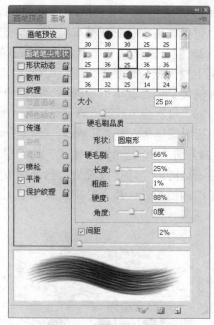

图 3-30　设置硬笔刷参数 2

3.1.3　小结

本节课程主要学习绘制工具的相关知识，主要包括"画笔工具组"中工具的用途和使用方法。它们是 Photoshop 重要的图像处理工具，要想熟练掌握，需要不断尝试不同属性的设置，以及其中的一些技巧，才能运用自如。

3.2　图章工具与图像修补及修饰工具

3.2.1　实例一　海豚表演

1. 本实例需掌握的知识点

1）了解仿制图章及图案图章的用途。

2）掌握仿制图章及图案图章的使用方法。

3）设置仿制图章及图案图章的属性参数。

4）掌握自定义图案的方法。

5）掌握"内容识别"快速修图的方法。

6）掌握配合图章工具使用仿制源复制图像的方法。

实例效果如图 3-31 所示。

图 3-31　实例效果图

2．操作步骤

1）打开光盘"素材"\"第 3 章"\"海豚.jpg"文件。

2）使用"内容识别"的功能来处理图片上不需要的人物，选择工具箱中的 工具，在图片上选择人物及水中的倒影。

3）执行"编辑"→"填充"命令，弹出"填充"对话框，如图 3-32 所示。在"内容"框中选择"内容识别"，混合模式选择"正常"，不透明度选择"100%，单击"确定"按钮。填充效果如图 3-33 所示。

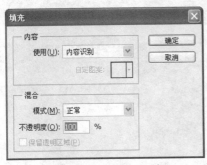

图 3-32　"填充"对话框

图 3-33　填充效果

4）图 3-33 中填充后的人像的边缘融合的不好，采用仿制图章工具来修复。选择工具箱中的 工具，按下<Alt>键在海水上单击，确定取样点，在工具属性栏中设置的属性如图 3-34 所示。在边缘融合的不好的位置进行单击、拖移，复制选取的图形，完成图形的修复，效果如图 3-35 所示。

图 3-34　仿制图章参数设置

59

5）执行"窗口"→"仿制源"命令，打开"仿制源"面板。根据近大远小的透视关系，把宽度和高度的缩放比例分别设为120%。勾选"显示叠加"，其他值默认，如图3-36所示。

图 3-35　用仿制图章进行图片修复

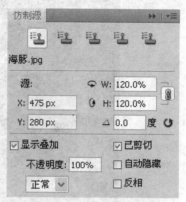

图 3-36　仿制源的参数设置

6）按住<Alt>键，使用鼠标在海豚身上取样，取样完成后，勾选工具属性栏中的对齐选项。在海豚的斜前方直接进行涂抹，完成复制。

7）按照同样的方法，将仿制源宽度和高度的缩放比例重新设为 80%，来绘制远处的海豚，复制的效果如图 3-37 所示。

8）打开光盘"素材"\"第 3 章"\"纹样.jpg"图片。

9）在"图层"面板上，背景层的名字上双击，弹出"新建图层"对话框，单击"确定"按钮，将背景层改为普通图层。

10）选择 工具，选择整个白色背景，使背景变为透明色。执行"选择"→"反向"命令，按<Delete>键，删除黑色区域内容。

11）执行"编辑"→"定义图案"命令。在弹出的"图案名称"窗口中，将其命名为"纹样 1"，单击"确定"按钮，完成图案的定义，如图 3-38 所示。

图 3-37　复制效果

图 3-38　定义图案

12）在"海豚"文件中，新建图层 1，选择工具箱中的工具，在其工具属性栏中的 处单击打开图案拾色器，选择定义好的"纹样 1"图案，如图 3-39 所示。并设置其他属性，如图 3-40 所示。

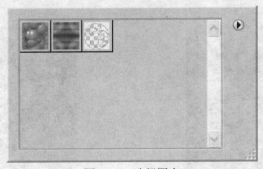

图 3-39　选择图案

图 3-40　图案图章的属性设置

13）按住<Shift>键，在图中相应位置进行绘制，实例效果如图 3-31 所示。

3．知识点讲解

（1）仿制图章工具　仿制图章工具 的作用是"复印"，就是从图像中取样，然后可将样本应用到其他图像或同一图像的其他部分，使两个地方的内容一致。也可以将一个图层的一部分仿制到另一个图层，定义采样点的方法是按住<Alt>键并在图像某一处单击，然后将抽取样本应用其他图像或同一图像的其他部分。

要注意采样点的位置并非是一成不变的，采样点的复制为"起始点"，是以此为起点进行复制。还需要注意的是，仿制图章工具是使用笔刷进行绘制的，因此笔刷的属性设置将影响绘制范围及边缘的柔和程度，一般建议使用硬度较小的笔刷，这样复制出来的图像才能与原图像更好地融合。一般的规律是：图像的色彩边界比较分明就采用较硬的笔刷；图像中没有分明的边界就使用较软的笔刷，以达到较好的融合效果。

如果在工具属性栏中勾选"对齐"选项，那么无论对绘画停止和继续过多少次，都可以重新使用最新的取样点。如果不勾选此项，那么在每次绘画时都会使用同一样本进行绘画。另一个选项为"对所有图层取样"，默认是关闭，在关闭的情况下，只能在同一图层内复制图像，如果勾选"对所有图层取样"选项，那么，仿制图章可以对任何图层中的图像作为复制的源图像进行取样，否则只对当前图层取样。在仿制图案中还可以通过工具属性栏中的选项来设置笔刷的"模式"、"不透明度"和"流量"来微调应用仿制区域的方式。

（2）图案图章工具　图案图章工具 是利用图案进行绘画，可以在图案库中选择，也可以自己创建图案，创建好的图案，也可对其保存，下次继续使用，具体方法与预设画笔相类似，图案文件的扩展名为.pat。在定义图案时可直接执行"编辑"→"定义图案"命令，来进行整个图形的定义，也可以用 确定选区后再进行定义，使用其他的选框工具则不能进行图案定义。

图案图章不用对采样点进行选择，只要在工具属性栏上选定了一个图案之后，在图像中按下鼠标并拖动即可。如果所绘制的区域较大，则在超过的部分中图案将平铺重复出现。

如果勾选其工具属性栏上有一个"对齐的"选项，尽管分多次绘制，那么多次绘制的图案都将保持连续平铺特性，如图 3-41 所示。如果关闭这个选项，多次绘制就会出现如图 3-42 所示的效果，分次绘制出来的图案之间没有连续性，而且早先绘制的图案会被后来所绘制的图案所覆盖。

图 3-41　勾选"对齐"选项

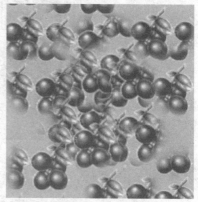

图 3-42　未勾选"对齐"选项

图案图章工具属性栏中还有一个"印象派"的选项，勾选之后所绘制出来的图像就带有色彩过渡分明的印象派风格，这些色彩都取自于所选的图案，不过已经看不出图案原先的轮廓了。

（3）仿制源　仿制源选项不是一个单独使用的工具，它要配合图章工具或修复画笔进行使用。

仿制源选项面板各项参数：

X：设置水平位移。表示源点到目标点在 X 轴（横向上）的垂直距离；Y：设置垂直位移。表示源点到目标点在 Y 轴（纵向上）的垂直距离；W：设置水平缩放比例。表示内容被复制到目标点后，与源点在宽度上的缩放百分比；H：设置垂直缩放比例。表示内容被复制到目标点后，与源点在高度上的缩放百分比；W 值和 H 值中间的链接图标 🔗，表示宽度和高度的缩放比例会保持一致。下面一个是设置旋转角度，设置此项可以让复制后的图像旋转一定角度。勾选显示叠加选项，可以直观地预览到复制后的图像的大小和位置。

（4）内容识别　内容识别是指当我们对图像的某一区域进行覆盖填充时，由软件自动分析周围图像的特点，将图像进行拼接组合后填充在该区域并进行融合，从而达到快速无缝的拼接效果。一般用它结合填充命令和污点修复画笔命令来使用。

4．课后练习（可爱宝宝）

打开光盘"素材"\"第 3 章"\"小和尚.jpg"、"宝宝.jpg"、"纹样.jpg"图片，运用本节所学知识将其处理成如图 3-43 所示的效果。

解题思路

1）采用填充中的"内容识别"的方法将"小和尚.jpg"中的小和尚去除，用仿制图章处理边缘衔接不好的地方。

2）使用图案图章工具，定义图案，方法与样例相同。

3）将图案图章用于处理好的小和尚文件中，制作图章相框。

4）用仿制图案将宝宝的人像复制到小和尚的文件中。

5）打开仿制源，将图片中的宝宝分别缩小至原图的 40%和 50%，在图中相应的位置进行复制。

图 3-43　课后练习效果图

3.2.2　实例二　永久的历史

1. 本实例需掌握的知识点

1）了解修复画笔工具、修补工具的用途。

2）掌握修复画笔工具、修补工具的使用方法。

3）设置修复画笔工具、修补工具的属性参数。

实例效果如图 3-44 所示。

图 3-44　实例效果图

63

2．操作步骤

1）打开光盘"素材"\"第3章"\"风景.jpg"文件。

2）使用"修补工具"来处理上面多余的文字，选择工具箱中的 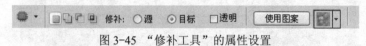 工具，在其工具属性栏中点选"目标"设置其属性，具体如图3-45所示。

图3-45 "修补工具"的属性设置

3）按下鼠标左键在图中圈选出一块干净的区域作为"目标"，效果如图3-46所示。

4）在选定的区域内按下鼠标左键，向左拖移，这时鼠标变成 ▷ 形状，将其覆盖文字的区域。按照同样的方法依次向左拖移，用目标图形对文字进行覆盖，得到最终的效果，如图3-47所示。

图3-46 选择目标区域

图3-47 处理画面上的文字

5）打开光盘"素材"\"第3章"\"圆明园.jpg"文件。

6）将这两张图片同时放在工作区中显示，单击工具箱中的  工具，按<Alt>键的同时在圆明园图片的主体部分单击，以获得"取样点"，此时的鼠标指针为带圆圈的十字形，如图3-48所示。

图3-48 用"修复画笔工具"在图像上取样

7）松开<Alt>键，用鼠标在风景图形上要处理的区域拖画，从而获得所采集的图像源点处的图像，如图 3-49 所示。

图 3-49　在"风景"上绘制

8）依次重复上述操作，在风景图的不同区域采集到源图像，得到效果如图 3-50 所示。

9）再次选择 🖌️ 工具，在风景图上用加选的方法圈出修补选区，如图 3-51 所示。

图 3-50　继续在"风景"上绘制得到效果

图 3-51　圈出修补选区

10）在"修补工具"的工具属性栏中，打开"图案"拾色器，单击 ▶，在展开的菜单中选择"填充纹理"，在弹出的对话框中单击"确定"按钮。接着选择将要使用的图案，具体如图 3-52 所示。

11）在"修补工具"的工具属性栏中，单击"使用图案"按钮，得到最终效果。

12）最后保存文件为"永久的历史.jpg"。

3．知识点讲解

（1）修复画笔工具　修复画笔工具和仿制工具一样，都是与 Alt 键配合使用，利用抓取原图像或图案中的样本像素来进行绘画。与仿制图章不同的是，修复画笔工具还可以将样本像素

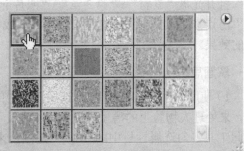

图 3-52　选择图案

的纹理、光照、透明度和阴影与所修复的像素进行匹配，使两者自然地衔接在一起而不着痕迹。

（2）修补工具　修补工具与修复画笔工具一样，也会将样本像素的纹理、光照等与源像素进行匹配，与修复画笔不同的是，它的操作是基于区域的，它是将其他区域或图案中的像素来修复选中的区域，因此要事先定义好一个区域，再进行操作。

在其工具属性栏中的修补项分别有"源"和"目标"两个单选项，"源"是指从目标到修补源；"目标"是指从源修补目标，如果勾选了"透明"选项，在修补时下面的背景就会透出来，有一种纹理叠加的效果，操作时可根据要修补的图形来自由选择。

（3）污点修复画笔工具　污点修复画笔工具可以快速移去照片中的污点和其他不理想的部分。污点修复画笔的工作方式与修复画笔类似：它使用图像或图案中的样本像素进行绘画，并将样本像素的纹理、光照、透明度和阴影与所修复的像素相匹配。与修复画笔不同，污点修复画笔不要求您指定样本点。当在要修复区域建立选区时，样本会采取选区外部四周的像素进行修复。当直接在要修复区域点按时，样本会自动采取附近区域的像素。

污点修复画笔将自动从所修饰区域的周围取样。如果需要修饰大片区域或需要更大程度地控制来源取样，则可以使用修复画笔而不是污点修复画笔。

在选项栏中选取一种画笔大小。比要修复的区域稍大一点的画笔最为适合，这样，只需单击一次即可覆盖整个区域。

从属性选项栏的"模式"菜单中选取混合模式。选择"替换"可以在使用柔边画笔时，保留画笔描边的边缘处的杂色、胶片颗粒和纹理。

在属性选项栏中包含 3 种"类型"的选项。

1）近似匹配：使用选区边缘周围的像素，找到要用作修补的区域。

2）创建纹理：使用选区中的像素创建纹理。如果纹理不起作用，请尝试再次拖过该区域。

3）内容识别：比较附近的图像内容，不留痕迹地填充选区，同时保留让图像栩栩如生的关键细节，如阴影和对象边缘。

如果在选项栏中选择"对所有图层取样"，可从所有可见图层中对数据进行取样。如果取消选择"对所有图层取样"，则只从现有图层中取样。

（4）红眼工具　红眼工具是针对数码相机拍摄人像时，会产生的红眼现象而设计的。简便到只需在红眼区域点按一下或框选而无须其他操作。

4．课后练习

打开光盘"素材"\"第 3 章"\"照片.jpg"图片，运用"污点修复工具"和"红眼工具"处理成如图 3-53 所示的效果。

解题思路

1）使用"污点修复工具"勾选属性栏中的◉创建纹理 选项，来处理人物脸上的痦子、额头的痤疮及下巴。同样采用此工具，勾选属性栏中的◉内容识别 选项，来处理人物旁边的电线。

图 3-53　课后练习效果图

2）使用 ⊙ 工具，消除红眼。

3.2.3　实例三　鸡尾酒

1．本实例需掌握的知识点

1）加深、减淡及涂抹工具的使用。

2）加深、减淡及涂抹工具的属性设置。

实例效果如图 3-54 所示。

图 3-54　"鸡尾酒"效果图

2．操作步骤

1）打开光盘"素材"\"第 3 章"\"酒杯.jpg"图片。

2）选择工具箱上的 ▨ 工具，在工具属性栏中将容差设为 10，采用加选的方法，选中背景，然后按<Alt＋Shit＋I>组合键将酒杯选中，效果如图 3-55 所示。

3）执行"图层"→"新建"→"通过拷贝的图层"命令，使选区成为一个单独的新建图层。

4）再用 ▭ 工具和 ◠ 工具对选择的酒杯进行减选，只保留想要的部分，效果如图 3-56 所示。

图 3-55　使用"魔术棒工具"选择　　　　图 3-56　使用"矩形选框工具"和"套索工具"进行减选

5）选择工具箱中的 ◿ 工具，将前景色设置为 R：248、G：251、B：8，在选区内涂抹，进行替色，如图 3-57 所示。

6）选择工具箱中的工具，在其工具属性栏中选择"硬边圆画笔"，设置其主直径为 8px，"硬度"为 100%，"曝光度"50%、"范围"中间调、勾选保护色调，按<Shift>键沿水平方向来回点击，做出上平面效果，如图 3-58 所示。

图 3-57　使用"颜色替换工具"在选区内替色

图 3-58　使用"加深工具"做出酒的上平面效果

7）在其工具属性栏中将"柔边圆画笔"的主直径调整为 50px，硬度改为 50%，"曝光度"50%、"范围"中间调、勾选保护色调，沿酒的左侧背光部分进行加深，效果如图 3-59 所示。

8）选择工具箱中的 🖌 工具，将其画笔大小的属性调整为 80px，在酒的受光区域进行减淡处理，效果如图 3-60 所示。

图 3-59　处理酒的暗部

图 3-60　使用"减淡工具"处理亮部

9）用 🔽 工具建立选区，选择 🖌 工具，将"柔边圆画笔"的主直径调整为 13px，硬度改为 50%，调整曝光强度为 20%，对酒的右侧进行涂抹处理，细节如图 3-61a 所示，得到的效果如图 3-61b 所示。

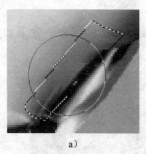

a)　　　　　　　　　　　　　　　　　　b)

图 3-61　使用涂抹工具处理酒的右侧
a）细节效果　b）得到的效果

10）依照上述方法，选择 🖌 工具，对杯子底部的反光部分进行处理，效果如图 3-62a 所示。接着沿酒的受光处及杯口再次提亮，效果如图 3-62b 所示。

11）合并图层，并保存图片，将其命名为"鸡尾酒.jpg"。

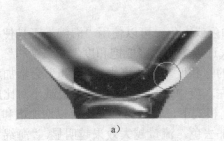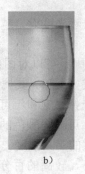

a)　　　　　　　　　　　　　　　　　　　　b)

图 3-62　使用"减淡工具"进行提亮处理

a) 杯子底部细节　b) 杯口细节

3．知识点讲解

涂抹、加深和减淡，都与"画笔"工具一样，可选择不同的笔尖来操作。

（1）模糊工具、锐化工具和涂抹工具

1）模糊工具。可以将图片区域变得模糊，"模糊工具"与喷枪相类似，若在一个区域停留，则模糊持续产生作用，即它的作用是连续不断的。当模糊在一个区域持续产生作用时，这个区域被模糊的程度就会越来越强。

2）锐化工具。"锐化工具"的作用和模糊工具相反，它可以让画面中模糊的部分变得清晰。"锐化工具"与"模糊工具"不同的是没有持续作用性，在一个区域停留不会加大锐化程度。若想强化锐化程度，可反复涂抹同一区域。

需要注意的两点是，过度使用锐化效果，会在作用区域内产生类似马赛克的色斑；另外，"锐化工具"的清晰作用是相对的，它基于图片原有的清晰度，而不能使原本模糊的图片变得更清晰。

3）涂抹工具。涂抹工具 是模拟将手指拖过湿油漆时所看到的效果，就像在一幅未干的油画上用手指抹后得到的效果，涂抹工具可拾取单击鼠标开始位置的颜色，并沿拖移的方向展开这种颜色。

在工具属性栏中勾选"对所有图层取样"，可利用所有可见图层中的颜色数据来进行涂抹。如果取消选择该选项，则涂抹工具只使用现用图层中的颜色。在工具属性栏中如果勾选"手指绘画"选项，可使用当前图像中的前景色进行涂抹，就好像用手指先蘸染一些颜料再在画面中抹一样。如果取消选择该选项，则涂抹工具会使用当前绘画的起点处指针所指的颜色进行涂抹。

（2）减淡工具、加深工具和海绵工具　减淡工具 和加深工具 用于调节照片特定区域的曝光度，可用于使图像区域变亮或变暗。

1）减淡工具的作用是使局部加亮图像，可在工具属性栏上选择为高光、中间调或阴影的范围区域加亮。"中间调"是指更改灰色的中间范围；"阴影"是指更改暗区；"高光"是指更改亮区。

2）加深工具的效果与减淡工具相反，是将图像局部变暗，也可以选择针对高光、中间调或阴影区进行调整。

加深及减淡工具中新增的保护色调功能是指在操作时使画面中的亮部和暗部尽量不受影响或受到较小的影响，并且在可能影响色相时尽量保护色相不要发生改变。

这两个工具曝光度设定越大则效果越明显，如果勾选喷枪方式则在一处停留时具有持续性效果。

3）海绵工具 可以对图像的区域加色或去色。可以使用"海绵"工具使对象或区域上的颜色更鲜明或更柔和。其属性栏内模式选项中的"降低饱和度"和"饱和"是指设置是加色还是去色，选择"饱和"可增加颜色的饱和度。在灰度中，"饱和"会增加对比度。选择"降低饱和度"可减弱颜色的饱和度。在灰度中，"降低饱和度"会减小对比度；流量是指设置每次描边时的工具强度。在"饱和"模式下，较高的百分比可以增加饱和度。在"降低饱和度"模式下，较高的百分比可以增加去色，流量越大效果越明显。"海绵"工具不会造成像素的重新分布，因此"降低饱和度"和"饱和"可以作为互补来使用。

4．课后练习

打开光盘"素材"\"第 3 章"\"向日葵 2.jpg"图片，运用本节所学知识处理成如图 3-63 所示的效果。

图 3-63 课后练习效果图

解题思路
1）模糊工具与锐化工具结合使用。
2）加深工具与减淡工具结合使用。

3.2.4 小结

本节课程主要学习图章工具、图像修补及修饰工具。其中图章工具包括仿制图章和图案图章工具；图像修补工具包括污点修复画笔工具、修复画笔工具、修补工具以及红眼工具。图像修饰工具主要包括模糊工具、锐化工具以及涂抹工具、加深工具和减淡工具。与画笔工具所不同的是这些工具的使用不需要创建新的文件，都是在原有的图像上进行操作，相对简单一些，但对于图像的修饰来说，它们却是不可或缺的。要想得到一幅完美的图像效果需要合理地运用多种图像修饰工具，与画笔工具一样，要想熟练掌握其中的一些技巧，需要不断尝试。

3.3　Adobe Photoshop CS5 的图像调整

3.3.1　实例一　海边情侣

1. 本实例需掌握的知识点

1）认识直方图。

2）曲线的运用。

实例效果如图 3-64 所示。

图 3-64　"海边情侣"效果图

2. 操作步骤

1）打开光盘"素材"\"第 3 章"\"海景"图片。

2）执行"窗口"→"直方图"命令，弹出如图 3-65
所示的对话框。通过此对话框，可以很直观地看到图片
中黑、白、灰以及红、绿、蓝在明暗区域的像素分布情
况。从对话框的左侧至右侧，依次为暗部至亮部。可以
看出，这张海景照片的像素大多集中在偏暗部和中间的
灰色区域，整体画面过于暗淡，画质一般，这就造成了
画面层次感差、画面又灰又虚的现象。

3）执行"图像"→"调整"→"色阶"命令，弹出
"色阶"对话框，如图 3-66 所示。将输入色阶亮部的值
调整为 180，将输出色阶暗部的值调整为 48，整体提高
画面的效果，初学者也可使用色阶窗口中的　自动(A)
按钮，进行自动色阶的调整。

4）打开光盘"素材"\"第 3 章"\"情侣 1"图片，
选择 工具，将笔刷大小定为 30，并配合其属性栏中的
加选 和减选 按钮，选择出这对情侣及摩托车的图像，
并将其复制粘贴至"海景"文件中。

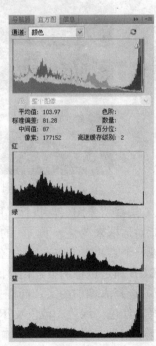

图 3-65　通过"直方图"对话框
观察图片色阶

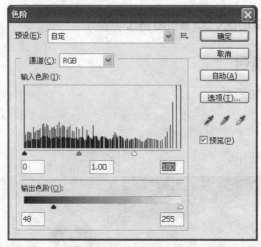

图 3-66 "色阶"对话框

5）执行"编辑"→"自由变换"命令，单击其属性栏中的 按钮，锁定其长宽比，将其缩小至原图的 56%，并将其调整至合适的位置，如图 3-67 所示。

图 3-67 将人物置于图片并调整位置

6）选择背景图层，执行"图像"→"调整"→"曲线"命令，弹出"曲线"对话框，通过此对话框来调整一下画面的色调、明暗及对比度。在连接正方形对角线的斜线上单击，会出现一个点，上下左右移动它，就可以改变图片的像素分布。分别选择其红色、绿色、蓝色及 RGB 通道进行调整，调整的曲线分别如图 3-68 所示。

7）选择人像的图层，同样执行"曲线"命令，来调整人物的色调、明暗及对比度。分别选择其红色、绿色、蓝色及 RGB 通道进行调整，调整曲线的各通道，红色参数为：输出 211，输入 173；绿色参数为：输出 157，输入 135；蓝色参数为：输出 156，输入 182；RGB：输出 71，输入 74。

8）合并图层，保存图片，将其命名为"海边情侣.jpg"。

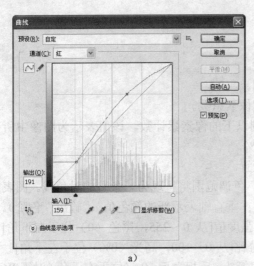
a)

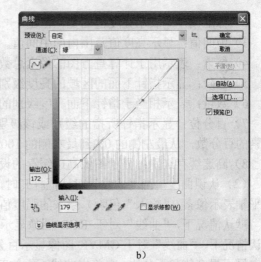
b)

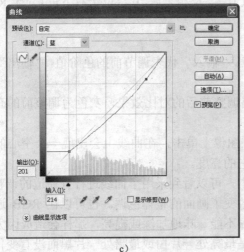
c)

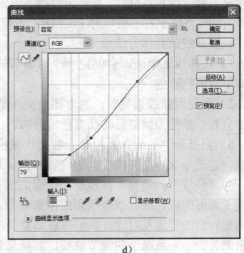
d)

图 3-68　调整曲线

a）红色通道　b）绿色通道　c）蓝色通道　d）RGB 通道

3. 知识点讲解

（1）认识直方图　直方图主要是用来检查扫描品质和色调范围，用图形表示图像的每个亮度级别的像素数量，展示像素在图像中的分布情况。它显示图像在暗调、中间调和高光中是否包含足够的细节，是对整体亮度和图像情况的整体概括，用户可以参考直方图所显示的信息，进行更好的校正。

直方图默认是和导航器调板、信息调板组合在一起的，可以从"窗口"→"直方图"中调出。若要显示图像某一部分的直方图数据，请先选择该部分。默认情况下，直方图显示整个图像的色调范围。

在直方图中，X 轴的方向是绝对亮度范围，左侧的亮度为 0，右侧的亮度为 255。Y 轴方向是在某一亮度级上所有的像素总数量。

有关像素亮度值的统计信息出现在直方图的下方：

1）平均值：表示平均亮度值。

2）标准偏差：表示亮度值的变化范围。

3）中间值：显示亮度值范围内的中间值。

4）像素：表示用于计算直方图的像素总数。

5）色阶：显示指针下面的区域的亮度级别。

6）数量：表示相当于指针下面亮度级别的像素总数。

7）百分位：显示指针所指的级别或该级别以下的像素累计数。该值表示为图像中所有像素的百分数，从最左侧的 0%到最右侧的 100%。

8）高速缓存级别：显示图像高速缓存的设置。

（2）认识曲线　当"曲线"对话框打开时，色调范围将呈现为一条直的对角线。图表的水平轴表示像素（"输入"色阶）原来的强度值；垂直轴表示新的颜色值（"输出"色阶）。

默认情况下，"曲线"对于 RGB 图像显示强度值[从 0～255，黑色（0）位于左下角]。默认情况下，"曲线"对于 CMYK 图像显示百分比[从 0～100，高光（0%）位于左下角]。要反向显示强度值和百分比，需单击曲线下方的双箭头。反相之后，0 将位于右下角（对于 RGB 图像）；0%将位于右下角（对于 CMYK 图像）。

调整曲线的具体方法如下：

1）在曲线上单击，会创建一个可调节的点。"输入"代表调节前的色阶值，"输出"代表调节后的色阶值。

2）在使用曲线调整时，直方图会同步给出调整前后的对比效果，灰色为调整前的亮度色阶分布，黑色为调整后的亮度色阶分布。

3）当打开"曲线"面板时，如果用鼠标在图像上单击，在曲线上会出现一个空心的小方框，它就是这一点在曲线上的位置，也就是它的亮度。

4）"曲线"的调整需要经验，上面的例子中，可以看到采用了曲线进行分通道的调整，改变了画面的红、绿、蓝等色彩的像素分布，改变了画面的整体色调。也可以在 RGB 通道中调整画面的明暗及对比度，但注意调整的时候不能一味地加深或提亮，那样会造成因大量像素的丢失而导致画面的细节缺损，其结果就是最亮处一片白或最暗处一片黑而没有变化。

4．课后练习

打开光盘"素材"\"第 3 章"\"椰树"和"情侣 2"图片，运用本节所学知识处理成如图 3-69 所示的效果。

图 3-69　课后练习效果图

解题思路

1）执行"图像"→"调整"→"色阶"命令，调整"椰树"图片的色阶，参考参数为输入色阶：暗部 70、亮部 240，输出色阶：亮部 220。

2）执行"图像"→"调整"→"曲线"命令，调整"人物"，分别调整其红、绿、蓝及 RGB 三个通道，使其颜色、色调及亮度、对比度与背景协调。

3.3.2　实例二　鹰

1. 本实例需掌握的知识点

1）色彩平衡的运用。

2）色相/饱和度的运用。

实例效果如图 3-70 所示。

图 3-70　实例效果图

2. 操作步骤

1）打开光盘"素材"\"第 3 章"\"鹰.jpg"图片。

2）选择工具箱中的 工具，在工具属性栏中将羽化值设置为 1 像素，勾选"消除锯齿"，宽度 10 像素，边对比度 10%，频率 57；在鹰的嘴和眼睛上拖选及点选建立描点，确立选区，确立好的选区效果如图 3-71 所示。

3）执行"图层"→"新建"→"通过拷贝的图层"命令。

4）执行"图像"→"调整"→"色彩平衡"命令，打开"色彩平衡"对话框，设定色阶（L）的参考值为"＋100，0，-100"。确定后得到如图 3-72 所示的效果。

5）执行"图像"→"调整"→"色相/饱和度"命令，将饱和度增加"30"，效果如图 3-73

图 3-71　用"磁性套索工具"进行选择

所示。

图 3-72 调整"色彩平衡"得到的效果

图 3-73 调整"色相/饱和度"

6）执行"图层"→"调整"→"曲线"→"设置白场" ✐ 命令，用吸色工具在图 3-74a 处单击进行吸色，在"曲线"面板上单击"确定"按钮，完成曲线调整，效果如图 3-74b。

a)

b)

图 3-74 设置白场

a）吸色位置 b）得到效果

7）选择工具箱中的 ▽ 工具，在工具属性栏上勾选消除锯齿，并在鹰的眼球上点选建立选区。执行"图层"→"调整"→"色彩平衡"命令，设定色阶（L）的数值为"-100，+50，+100"，效果如图 3-75 所示。

8）选择背景层，用工具箱中的 ▽ 工具，在工具属性栏中将羽化值设置为 1 像素，其余默认设置，描画鹰的白色羽毛，如图 3-76 所示。并将其复制到单独图层。

图 3-75 调整后的效果

图 3-76 用"磁性套索工具"选择鹰的羽毛

9）执行"图像"→"调整"→"色彩平衡"命令，设定色阶（L）的参数值为"30，0，-70"；同样用"图像"→"调整"→"曲线"→"设置白场"，用吸色工具在图 3-77a 处单击进行吸色，在"曲线"面板上单击"确定"按钮，完成曲线调整，得到的效果如图 3-77b 所示。

a）　　　　　　　　　　　　　　　　　b）

图 3-77　设置白场
a）吸色位置　b）得到效果

10）用同样方法，选择鹰的深色羽毛并建新图层，执行"图层"→"调整"→"色彩平衡"，在"色彩平衡"对话框中，将红色数值增加"40"，如图 3-78 所示。

图 3-78　调整"色彩平衡"

11）选定背景层，将青色数值增加"15"、绿色数值增加"40"，完成色彩的改变。最后再将图层边缘用涂抹工具简单修饰一下。

12）合并图层，保存图片，命名为"鹰"。

3．知识点讲解

（1）色彩平衡　色彩平衡是一个功能较少，但操作直观方便的色彩调整工具。它在色调平衡选项中将图像笼统地分为阴影、中间调和高光 3 个色调，每个色调可以进行独立的色彩调整。如果要对图像的一部分进行调整，请选择该部分。如果没有选择任何内容，调整将应用于整个图像。

执行"图像"→"调整"→"色彩平衡"命令，打开"色彩平衡"对话框。从 3 个色彩平衡滑块中，我们可以选择：红对青，绿对洋红，蓝对黄这三对颜色进行调整，属于反转色的两种颜色不可能同时增加或减少。

色彩平衡设置框的最下方有一个"保持亮度"的选项，它的作用是在三基色增加时下降亮度，在三基色减少时提高亮度，从而抵消三基色增加或减少时带来的亮度改变。

（2）色相/饱和度　执行"图像"→"调整"→"色相/饱和度"命令在打开的"色相/饱

和度"对话框中可以调整整个图像或图像中单个颜色成分的色相、饱和度和明度。

1）色彩的三个基本要素。色彩的 3 个基本要素分别为色相、饱和度和明度，在 Photoshop 中执行"色相/饱和度"命令时就需要调整这些 3 个基本要素的属性值。

色相是颜色的一种属性，它实质上是色彩的基本颜色，调整色相就是在多种颜色中进行变化，每一种颜色就代表一种色相，色相的调整就是改变它的颜色。

饱和度，是色彩的纯度，是控制图像色彩的浓淡程度，类似电视机中的色彩调节。改变的同时下方的色谱也会跟着改变。调至最低的时候图像就变为灰度图像了。对灰度图像改变色相是没有作用的。

明度，就是亮度，类似电视机的亮度调整。如果将明度调至最低会得到黑色，调至最高会得到白色。对黑色和白色改变色相或饱和度都没有效果。

2）使用"色相/饱和度"命令。执行"图像"→"调整"→"色相/饱和度"命令，打开"色相/饱和度"对话框，可以拉动滑块分别调整图像或图像中单个颜色成分的色相、饱和度和明度。勾选对话框中的"着色"选项，可以将画面改为同一种颜色的效果，也就是一种"单色代替彩色"的操作，并保留原先的像素明暗度，使其看起来像双色调图像，在使用时仅仅是单击一下"着色"选项，然后拉动色相改变颜色而已。如图 3-79 所示是对处理后的鹰的图像执行"色相/饱和度"命令，勾选"着色"选项后的效果。

图 3-79　勾选"着色"选项后的效果

对话框中的"编辑"选项可以选取要调整的颜色：选取"全图"可以一次调整所有颜色，可以通过拖动滑块和在文本框中输入的方法进行调整。对于"色相"，输入一个值，或拖动滑块，可以改变图像的基本颜色。文本框数值的范围可以从-180 到+180；对于"饱和度"，输入一个值，或将滑块向右拖动增加饱和度，向左拖动减少饱和度。文本框中颜色值范围可以从-100 到+100；对于"明度"，输入一个值，或将滑块向右拖动增加明度，向左拖动减少明度，文本框中的数值范围可以从-100 到+100。

3）修改调整滑块的范围。从对话框的"编辑"菜单中选取一种颜色。这时位于对话框下方的色谱条出现了调整的滑块，如图 3-80 所示。

A 滑块是指颜色衰减量的边界，当拖动 A 滑块时，可以调整颜色衰减量而不影响色域范围；B 区域是指辐射色域的范围，即中心色域的改变效果，对邻近色域的影响范围，对照图

3-81 的数值分别是 315°～345°，15°～45°，当拖动 B 区域时，可以调整范围而不影响衰减量；C 区域是指中心色域范围，也就是要改变的色谱范围，对照图 3-81 的数值为 345°～15°，拖动中心的 C 区域可以移动整个调整滑块，从而选择不同的颜色区域；D 滑块是指中心色域的边界，当拖动 D 竖条时，可以调整颜色成分的范围，增加范围将减少衰减，反之亦然。默认情况下，在选取颜色时所选的颜色范围是 30° 宽，即两头都有 30° 的衰减，衰减设置得太低会在图像中产生带宽。

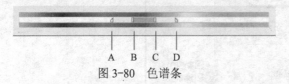

A　B　C　D

图 3-80　色谱条

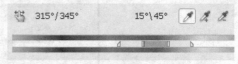

图 3-81　色谱区域对应的数值范围

若要从图像中选取颜色来编辑范围，则选择色谱条上方的吸管工具 🖋，然后在图像中单击即可将中心色域移动到所单击的颜色区域。使用添加到取样工具 🖋 可以扩展目前的色域范围到所单击的颜色区域。从取样减去工具 🖋 则与添加到取样工具的作用相反。

需要注意的是，辐射色域的变色效果，是由中心色域边界开始，向两边逐渐减弱的，如果某些色彩改变的效果不明显，可以扩大中心或辐射色域的范围。

使用"图像"→"调整"→"色相/饱和度"命令可以轻松改变单独某一色域内的颜色。对照图 3-82a 和图 3-82b 不难看出这是单独对中间的玫瑰进行调整的效果，采用的就是"图像"→"调整"→"色相/饱和度"命令。具体的方法是：执行"图像"→"调整"→"色相/饱和度"命令，在弹出的"色相/饱和度"对话框的"编辑"选项中选择"红色"，下方的色谱会出现一个区域指示，即要调整图像中相应像素的颜色区域，再分别设置色相、饱和度和明度的数值，如图 3-83 所示。这样就只单独将原图中的粉红色玫瑰处理成紫色的玫瑰，而其他部位的颜色没有改变。

4）要对灰度图像着色或创建单色调效果。首先执行"图像"→"模式"→"RGB 颜色"命令，将图像转换为 RGB，接着执行"图像"→"调整"→"色相/饱和度"命令，在弹出的"色相/饱和度"对话框中选择"着色"。图像被转换为当前前景色的色相，像素的明度值不改变。还可以继续使用"色相"滑块选择一种新的颜色，使用"饱和度"和"明度"滑块，调整像素的饱和度和明度。

a)　　　　　　　　　　　　　　　b)

图 3-82　调整图像的"色相/饱和度"

a）原图　b）效果图

图 3-83 "色相/饱和度"的参数设置

5）使用"变化"命令。"变化"命令是通过显示替代物的缩览图，调整图像的色彩平衡、对比度和饱和度。此命令对于不需要精确色彩调整的平均色调图像最为有用。

执行"图像"→"调整"→"变化"命令，打开"变化"对话框。在"变化"对话框中，有"阴影、中间色调、高光、饱和度"等选项供选择，可以针对图片的黑、白、灰不同区域及色彩饱和度进行调整。"精细/粗糙"滑块确定每次调整的量，将滑块移动一格可使调整量双倍增加。对话框顶部的两个缩览图显示"原稿"和包含当前选定的调整内容的选区，即"当前挑选"。开始打开"变化"面板时，面板上方"原稿"与"当前挑选"这两个图像是一样的。随着调整的进行，"当前挑选"图像将随之更改以反映所进行的处理。若要将颜色添加到图像，就点按相应的颜色缩览图；若要减去一种颜色，就点按其相反颜色的缩览图。如，若要减去红色，请点按"加深青色"缩览图。每次点按一个缩览图，其他的缩览图都会更改。中心缩览图总是反映当前的选择。若要调整亮度，则点按对话框右侧的缩览图。

如图 3-85 即是将原图 3-84 使用"变化"命令，是在"加深青色"上点击两次，在"加深蓝色"上点击一次，在"较暗"上点击三次而实现整体色调改变后的效果。

图 3-84 原图

图 3-85 使用"变化"命令后的效果

4．课后练习

打开光盘"素材"\"第 3 章"\"花 3.jpg"图片，运用本节所学知识处理成如图 3-86

所示的效果。

图 3-86　课后练习效果图

解题思路

1）在选定花瓣、花茎时，设羽化值为"1"。

2）在选定花蕊时，设羽化值为"0"。

3）执行"图像"→"调整"→"色相/饱和度"命令。

3.3.3　实例三　拼合全景图

1．本实例需掌握的知识点

"图像合并"功能的使用。实例效果如图 3-87 所示。

图 3-87　实例效果图

2．操作步骤

1）执行"文件"→"自动"→"Photomerge…"命令，打开"Photomerge"对话框，单击 浏览(B)… 按钮，选中光盘"素材"\"第 3 章"\"照片 1.jpg"、"照片 2.jpg""照片 3.jpg"图片。左栏"版面"选项默认为"自动"，并确保下方勾选"图像混合"，如图 3-88 所示。

2）单击"确定"按钮，打开文件，如图 3-89 所示。

3）单击工具箱中的 工具，进行修剪，在裁剪区域的属性栏中，选择"隐藏"，按<Enter>键确定。

4）合并图层，保存图片，命名为"全景图"。

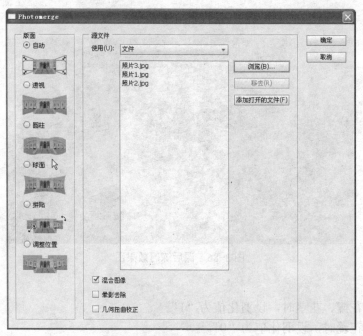

图 3-88 "Photomerge" 对话框

图 3-89 混合图像

3. 知识点讲解

（1）认识全景图 全景图是通过数张不同角度拍摄的图片（必须有重叠）来经过提取控制点、拼合、优化处理、缝合等复杂的算法，结合用户鼠标、键盘等交互来达到模拟 3D 场景的效果。对比普通的平面照片，可以达到更好的演示效果。全景图虚拟现实是一门比较新潮的应用。

（2）拼合全景图功能 拼合全景图功能是 Photoshop CS5 新增加功能之一，用于实现"全景式虚拟现实"及以中心点每隔多少度拍摄的一系列的照片，用 Photoshop 进行此功能的操作，可使多张局部图自动整合为大的一张全景图。"全景式虚拟现实"功能是在计算机上观看全景时，只要用鼠标在画面上推动，环境就会朝相应的方向旋转，用户就可以从另一个方向观看周围的环境，这就像用户站在环境的中央，环视四周。

4. 课后练习

将光盘"素材"\"第 3 章"\"景 1.jpg"～"景 9.jpg"图片，运用本节所学知识拼合成全景图，处理效果如图 3-90 所示。

图 3-90　课后练习效果图

解题思路

操作要点与样例相同。

3.3.4　实例四　新景深的混合应用

1．本实例需掌握的知识点

1）自动的图层对齐校正。

2）实现景深混合。

实例效果如图 3-91 所示。

图 3-91　实例效果图

2．操作步骤

1）在 Photoshop 中，单击 按钮，运行 Bridge CS5。

2）在 Bridge CS5 界面下，单击 **收藏夹** 区域下"我的电脑"图标，在 **内容** 区域中同时选中光盘中的素材/第 3 章中的"照片 4.jpg"～"照片 7.jpg"图片，执行"工具"→"Photoshop"→"将文件载入 Photoshop 图层…"命令，将这些选中的图片放置于 Photoshop 中，并且新建一个 PSD 的文件，分散到各个图层，如图 3-92 所示。

图 3-92　载入 Photoshop 图层

3）在图层面板中，按住<Shift>键，单击照片 7，选中所有图层。执行"编辑"→"自动对齐图层"命令，打开"自动对齐图层"面板，如图 3-93 所示，默认投影"自动"选项，单击"确定"按钮，进行图层的自动对齐。

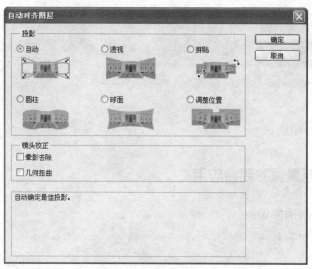

图 3-93　自动对齐图层

4）执行"编辑"→"自动混合图层"命令，打开"自动混合图层"面板，如图 3-94 所示，默认混合方法为"堆叠图像"选项，单击"确定"按钮。

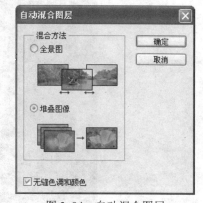

5）单击工具箱中的 工具，进行修剪，在裁剪区域的属性栏中，选择"隐藏"，按<Enter>键确定。

6）合并图层，保存图片，命名为"客厅"。

3．知识点讲解

"景深混合功能"也是 Photoshop CS5 新增功能之一，它主要是为了实现景深的扩展。多用于获取全景深的片子上，也可以用在对景深要求高的微距上，比如一些相机光圈较大、所拍出的照片景深较短的图片上，若想扩展景深，让画面中的多个地方都变得清晰，就用到这个功能。

图 3-94　自动混合图层

4．课后练习

将光盘"素材"\"第 3 章"\"照片 8.jpg"～"照片 10.jpg"图片，运用本课所学知识混合景深，处理效果如图 3-95 所示。

图 3-95　课后练习效果图

解题思路

操作要点与样例相同。

3.3.5　小结

本节课主要学习了图像调整中"曲线"、"色彩平衡"、"色相/饱和度"、"变化"的应用，在 Photoshop 的图像调整中，很多工具的应用都需要与色彩知识相配合，才会达到理想的效果。在本节课中还学习了使用 Photoshop CS5 新增的"图像合成"及"景深混合"功能。"图像合成"功能可以简化繁琐的全景图像制作过程，大家可以尝试用此新功能轻松合并全景图。在 Photoshop 的景深混合功能的应用中，先是对多个图片的构图进行校正，对准其位置，然后再用景深混合，得到扩展后的景深效果。

3.4　路径工具与形状工具

3.4.1　实例一　标志

1．本实例需掌握的知识点

1）路径的创建。

2）选择工具及转换点工具的运用。

实例效果如图 3-96 所示。

图 3-96　实例效果图

2．操作步骤

1）新建文件 360×400 像素，RGB 模式，分辨率 72 像素，背景选择透明。

2）新建图层 1，选择工具箱中的 工具，单击工具属性栏上的 "路径"，用钢笔在文件上进行描点，如图 3-97 所示。（在进行路径绘制时，可以配合网格和参考线）

3）继续用钢笔工具在文件上描点，最后一笔与第一笔重合，完成一个闭合路径的创建，如图 3-98 所示。

4）选择工具箱中的 工具，在路径上选择描点进行形状的调整，如图 3-99 所示。

5）点开钢笔工具下隐藏的工具条，选择 工具，在最下方的点上点选并拖拽，拉出 2 条控制手柄，并调节控制手柄，将原始创建的角点转换成平滑点，如图 3-100 所示。

85

图 3-97　用路径绘制

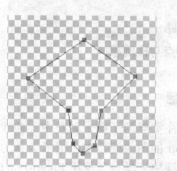

图 3-98　闭合路径

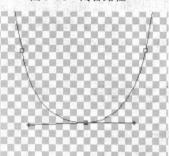

图 3-99　使用"直接选择工具"调整形状　　图 3-100　使用"转换点工具"将原始点转换为平滑点

6）图形调整好以后，设前景色 R：147、G：16、B：43，在路径上单击鼠标右键，在弹出的快捷菜单中选择"填充路径"→"前景色"命令，完成标志底部的填色，效果如图 3-101 所示。

图 3-101　填色

7）同样完成标志上部两个字母"E"和"N"的创建。

8）保存图片，命名为"标志"。

3．知识点讲解

（1）路径工具与矢量图形　钢笔工具 ✐.画出来的矢量图形称之为路径，矢量图形并不以像素为单位，它的优点是可以勾画平滑的曲线，在缩放或者变形之后仍能保持清晰的边缘和平滑效果。路径是 Photoshop 中的重要工具，其主要用于进行光滑图像选择区域及辅助抠图，它可以是不封闭的开放形状，也可以是把起点与终点重合的封闭形状。

（2）钢笔工具组　Photoshop CS5 提供了一系列用于生成、编辑、设置"路径"的工具，它们位于"钢笔工具组" ✐.中，如图 3-102 所示。

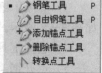

图 3-102　钢笔工具组

按照功能可将它们分成三大类。

1）节点定义工具：包括钢笔工具和自由钢笔工具，是用来定义节点和初步画出路径的。

钢笔工具是最常用的路径节点定义工具，一般情况下，手工定义节点均使用此工具，钢笔工具的使用方法也很简单，选择工具后，直接在图像中单击鼠标左键即可进行节点定义，每单击一次即生成一个节点，依据鼠标单击顺序，每个节点自动进行连接。可以定义闭合路径，也可以定义未闭合路径。当鼠标光标位于起始节点时，光标"钢笔"的右下方将显示出一个小"O"，表示可进行路径闭合，如果用钢笔工具单击后拖动则形成曲线。

使用键盘控制键与钢笔工具相配合，可以方便用户的操作，按住<Shift>键，将强制创建出的关键点与原先最后一个节点的连线保持以 45° 的整数倍数角；当按住<Ctrl>键时，原先的钢笔工具将暂时变换成直接选择工具，可以进行点的移动，在空白处单击即可放选；当按住<Alt>键时，则原先的钢笔工具将暂时变换成转换点工具，单击并拖拽可以对选择的点进行弯曲修改，也为对称调整，在按住<Alt>键的同时，也可以用鼠标单独按一侧手柄进行单独控制，进行不对称的调整。在这些组合键的配合下，用户调节曲线将变得非常容易，不必麻烦地进行工具的切换，可以极大地提高工作效率。

自由钢笔工具是用于随意绘制作路径的工具，它的使用与套索工具大体一致，都是先在图像上创建一个初始点后即可随意拖动鼠标进行徒手绘制路径。

2）节点增删工具：用于根据实际需要增删曲线节点，包括添加节点工具和删除节点工具。

它们的操作方法非常简单，当用户将鼠标移至已经定义过的节点上时，此时的钢笔工具将立刻变换成删除节点工具，即可删除当前节点。当鼠标移动至连接两节点的线段中时，"钢笔工具"将变换成"添加节点工具"，即可添加节点，不需要通过面板来进行转换。

3）转换点工具：用于调节曲线的控制点位置，即调节曲线的曲率。

选取此工具，在图像路径的某节点处点拖鼠标左键，即可进行节点曲率的调整。

（3）路径选择工具组　它是配合路径的创建工具，分别由路径选择工具和直接选择工具组成，如图 3-103 所示。路径选择工具可移动整个路径至合适位置，直接选择工具则针对路径的某个控制点的位置来进行调节。

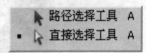

图 3-103　路径选择工具组

4．课后练习

打开光盘"素材"\"第 3 章"\"云纹.jpg"图片，用创建路径的方法结合所学知识完成如图 3-104 所示的效果。

图 3-104　课后练习效果图

解题思路

1）使用钢笔工具组及路径选择工具组中的各工具完成云纹的绘制。

2）创建完成后，单击鼠标右键，在弹出的快捷菜单中选择所需选项，进行填色。

3）将画笔的主直径定义为"5"；硬度为"100%"；间距为"0%"，单击鼠标右键，在弹出的快捷菜单中选择描边路径，选择画笔，对云纹进行描边。

3.4.2 实例二 猫

1. 本实例需掌握的知识点

1）路径的复制、剪切及粘贴的使用。

2）路径描边的运用及描边工具的属性设置。

实例效果如图 3-105 所示。

2. 操作步骤

图 3-105　实例效果图

1）打开光盘"素材"\"第 3 章"\"猫 2.jpg"图片。

2）单击工具箱上的 工具，在文件上进行路径的描绘，适当调整后的效果如图 3-106 所示。

3）选择 工具，选取路径，按<Ctrl+C>组合键进行复制，再按<Ctrl+V>组合键进行粘贴。选择 工具，在创建的路径上选择并移动，可以看到刚粘贴过来的路径，如图 3-107 所示。

图 3-106　用"路径工具"描绘

图 3-107　复制路径

4）选择 工具，在粘贴过来的路径上单击鼠标右键，在弹出的快捷菜单中选择"自由变换路径"，执行"编辑"→"变换路径"→"水平翻转"命令，将其放至合适位置，如图 3-108 所示。

5）选择 工具，将两条路径连接起来成为一条闭合的路径，如图 3-109 所示。

6）选择 工具，设定画笔主直径为 35；前景色为 R：252、G：249、B：5；单击在工具属性栏的画笔预设器旁边的 按钮，调出画笔调板，点选"画笔"标签，在右侧的画笔列表预览中选择"枫叶画笔 74"，点选"形状动态"、"散布"、"颜色动态"和"平滑"。其中在"散布"中，"散布"的值是"100%"；"数量"值是"2"；

图 3-108　翻转路径

"颜色动态"的值均是"50%"。

 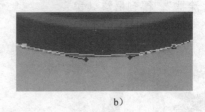

a)　　　　　　　　　　　　　　　　　　　　b)

图 3-109　闭合路径

a) 顶部局部　b) 底部局部

7）新建图层，选择 工具，在闭合路径上单击鼠标右键，在弹出的快捷菜单中选择"描边子路径"，完成装饰花边的创建。

8）合并图层，将其命名为"猫.jpg"。

3．知识点讲解

在 Photoshop 中提供了"路径调板"功能，方便对路径的编辑操作。可采用"窗口"→"路径"的方式来调出调板，如图 3-110 所示。

图 3-110　路径调板

（1）了解路径调板　在路径工具图标区中共有 6 个工具图标，它们分别是用前景色填充路径 ，用画笔搭边路径 ，将路径作为选区载入 ，从选区生成工作路径 ，创建新建路径 ，删除当前路径 。

1）用前景色填充路径。用于将当前的路径内部完全填充为前景色。如果只选中了一条路径的局部或者选中一条未闭合的路径，则 Photoshop 会先自动将路径的首尾以直线段连接成闭合区域，然后再自动填充。

2）用画笔描边路径。使用前景色沿路径的外轮廓进行边界勾勒，主要作用是为了在图像中留下路径的外观。

按住<Alt>键单击路径面板上的"用画笔描边路径" ，可弹出"描边路径"对话框，如图 3-111 所示。在此对话框中，可以选择描边时所使用的工具。选用的绘图工具不同，描边的效果也就不同。同时描边效果也受所选工具原始的笔刷类型的影响。选择的工具不同所描边描出的轮廓则不同，即使是使用同一个工具，如果笔刷设置不同，效果也将不同。除了用画笔进行描边以外，还可以选择涂抹、模糊、颜色替换等工具对路径进行描边操作。

图 3-111　描边路径

图 3-112 就是在描边路径时选择涂抹工具绘制的牙膏字效果。制作方法是在新建图层上绘制出圆形的选区，大小为牙膏字的粗细，并将此选区进行渐变填充，如图 3-113 所示。接着以此渐变的圆形为起点，用路径绘制出字形，并进行调整，得到如图 3-114 所示的效果。然后设置涂抹工具的属性：笔刷大小根据字体的粗细设定；硬度：100%；间距：1%，再

按住<Alt>键单击并用"画笔描边路径"按钮 ⬤ ，在弹出的"描边路径"对话框中的工具选项中选择"涂抹"，得到最终效果。

 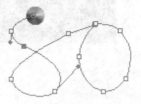

图 3-112　牙膏字效果　　　图 3-113　定义起点　　　图 3-114　选择"涂抹工具"进行路径描边

不同的绘图工具，不同的笔头类型设置的描边效果均不相同，可以根据自己的要求来进行选择。

3）将路径作为选区载入。将当前被选中的路径转换成选区。同样，如果按住<Alt>键的同时单击路径面板上的"将路径作为选区载入"按钮 ⬤ ，可弹出"建立选区"对话框。在此对话框的选项设置中可以设置羽化的范围，还可以消除选区的锯齿。

对于开放型路径，系统将自动以直线段连接起点与终点。

4）从选区生成工作路径。将选择区域转换为路径。同样，如果按住<Alt>键的同时单击路径面板上的"将路径作为街区载入" ⬤ ，可弹出"建立工作路径"对话框，在此对话框的选项设置中可以设置路径的容差范围。

5）创建新建路径 ⬛ 。创建新路径用于创建一个新的路径层。直接用钢笔工具绘制的路径是一个临时的工作路径，除非将工作路径存储为路径。通过"创建新建路径"的方法不仅可以新建路径还可以快速完成工作路径的存储工作，可以在路径层列表条上按住鼠标左键将其拖动至"创建新建路径" ⬛ 处，释放鼠标左键后即可。

6）删除当前路径 🗑 。用于删除一个路径层。

（2）路径控制菜单的功能　单击路径控制面板上方右侧的 ▾≡ 小三角按钮，即可弹出暗藏的路径控制菜单，其中的菜单项可以完成路径控制面板中的所有图标功能。

其中包含有：新建路径、复制路径、删除路径、建立工作路径、建立选区、填充路径、描边路径、剪贴路径和调板选项。路径控制菜单中的大部分功能与前面讲过的路径控制面板下方的工具功能基本类似，详细使用可参考前面的介绍。

4．课后练习

打开光盘"素材"\"第 3 章"\"大熊猫"图片，用路径描边的方法结合所学知识完成如图 3-115 所示的效果。

解题思路

1）新建图层，用 ⬚ 工具绘制出上面的选区，并填充颜色。

2）在选区中画一条水平的路径，设置适当的笔刷形状、大小及间距，对此路径进行描边。

图 3-115　课后练习效果图

3）复制选区的图层，并将其移动到下方合适位置。

3.4.3　实例三　卡通玩偶

1. 本实例需掌握的知识点

1）形状工具的使用。

2）形状的加、减、交、差等属性的运用。

实例效果如图 3-116 所示。

2. 操作步骤

1）新建文件 400×400 像素，RGB 模式，分辨率 72 像素，白色背景。

图 3-116　实例效果图

2）设置前景色 R：183、G：65、B：125，填充背景层。

3）新建图层 1，选择工具箱中的◎工具，单击工具属性栏上的"路径"按钮✍，按<Shift>及<Alt>键，在文件中创建一个正圆形。

4）单击属性面板上的"从路径区域减去"按钮▢，用◎工具在刚才创建的圆形中拖出一个小的椭圆形，选择▸工具，在属性面板上的　组合　按钮上单击，完成两个区域的相减。用▸工具单击路径，可以看到新的形状，如图 3-117 所示。

5）用同样方法分别用◎、▢、◎拖画出另一只眼睛以及鼻子、嘴、五边形。可以用▸工具，对形状进行单击，进行大小、方向等的调整，这个步骤一定要在单击确认　组合　按钮之前，否则将无法再调整局部了，如图 3-118 所示。

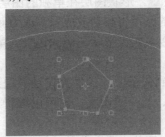

图 3-117　使用"路径工具"绘制　　　　图 3-118　绘制五官，并组合

6）选择▢工具，单击属性面板上的"添加到路径区域"按钮▢，在文件中拖画、旋转至适当位置，如图 3-119 所示。

7）设置前景色 R：243、G：237、B：0；选择工具箱中的▸工具，在路径上单击鼠标右键，在弹出的快捷菜单中选择"填充路径"→"前景色"命令，完成色彩的填充；设置前景色 R：0、G：0、B：0；设定画笔的主直径为 3，硬度 100%，再次在路径上单击鼠标右键，在弹出的快捷菜单中选择"描边路径"→"前景色"命令，完成轮廓的描绘，效果如图 3-120 所示。

图 3-119　添加到路径区域　　　　图 3-120　填充路径和描边路径

91

8）选定背景层，设置前景色 R：234、G：78、B：63；选择 工具，在嘴部进行选择并填充前景色如图 3-121 所示。

9）同样用前景色 R：184、G：217、B：24 填充五边形，用前景色 R：255、G：255、B：255 填充眼睛。再在眼睛内填上黑眼珠，卡通玩偶就大功告成了。效果如图 3-122 所示。

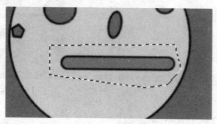

图 3-121　填充嘴部　　　　　　　图 3-122　填充后的效果图

10）建新图层，用同样方法为玩偶创建身体完成最终效果。

11）合并图层，储存图片。将其命名为"卡通玩偶.jpg"。

3．知识点讲解

（1）形状工具属性栏　在使用形状工具进行绘制时，可使用它的 3 种不同的模式进行绘制，钢笔工具只可以使用前两种模式。这 3 种模式分别是"形状图层"、"路径"和"填充像素"，可以通过选择工具属性栏中的图标 □ ☑ □ 来进行选取。

1）形状图层 □。形状图层在单独的图层中创建形状，直接对图像产生影响，与图层选择无关，所绘制的路径将自动被应用，成为新建纯色填充层的蒙版。形状图层包含定义形状颜色的填充图层以及定义形状轮廓的链接矢量蒙版。形状轮廓是路径，它出现在"路径"调板中。

形状是链接到矢量蒙版的填充图层。通过编辑形状的填充图层，可以很容易地将填充更改为其他颜色、渐变或图案；也可以编辑形状的矢量蒙版以修改形状轮廓，并对图层应用样式。

以图 3-123a 形状工具制作的按钮为例，来看一下形状图层的使用。选择形状工具中的圆角矩形工具，在工具属性栏上将半径设置为 100 像素，在新建的文件上绘制出一个圆角矩形的选区，如图 3-123b 所示。同时在图层面板上自动生成带有蒙版链接的"形状 1"图层，在路径面板上自动生成"形状 1 矢量蒙版"的路径层，分别如图 3-124、图 3-125 所示。

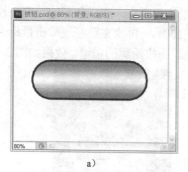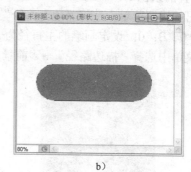

a）　　　　　　　　　　　　　　　b）

图 3-123　形状工具制作按钮

a）按钮效果图　b）绘制圆角矩形

图 3-124　有蒙版链接的图层

图 3-125　"形状矢量蒙版"的路径层

执行"图层"→"图层样式"→"渐变叠加"命令，在弹出的"图层样式"对话框中调整渐变的颜色，如图 3-126、图 3-127 所示。

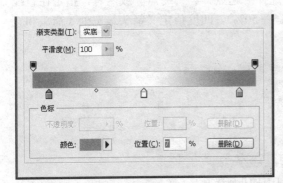

图 3-126　渐变编辑器

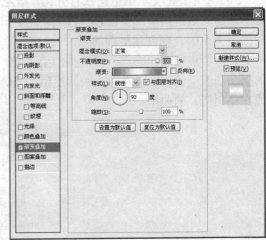

图 3-127　渐变填充

如果要修改形状轮廓，可以在"路径"调板中单击形状图层的矢量蒙版缩览图，然后使用形状和钢笔工具更改形状。

单击图层面板下的"添加图层样式" _fx._ 按钮，选择"描边"选项，在弹出的对话框中设置大小为 4 像素，颜色为深蓝色，得到最终按钮的效果。

2）路径 。对图像不产生影响，携带矢量信息，与图层选择无关，主要用在除了蒙版以外的矢量用途，如创建选区和描边等，与使用绘画工具非常类似，路径出现在"路径"调板中，详见 3.4.1 及 3.4.2 部分内容。

3）填充像素 。直接对图像产生影响，不携带矢量信息，与图层选择有关。直接在图层中绘制，所绘制的路径将自动转为图层中的点阵色块，就像处理任何栅格图像一样来处理绘制的形状，在此模式下不能使用钢笔工具。

（2）形状工具属性栏中的绘图选项　使用形状工具可以在图像中绘制直线、矩形、圆角矩形、椭圆、多边形和创建自定形状库。每个形状工具都提供了特定的几何选项，几何选项工具各异，如图 3-128 所示，可以通过设置选项来确定所绘制图形的属性尺寸。

各形状工具中几何选项的属性如下。

1）不受约束：通过拖动设置矩形、圆角矩形、椭圆或自定形状来设置形状的宽度和高度。

2）方形：用矩形或圆角矩形约束为方形。

3）固定大小：通过在"宽度"、"高度"文本框中输入的值，将矩形、圆角矩形、椭圆或自定形状渲染为固定形状。

4）比例：基于创建自定形状时所使用的比例对自定形状进行渲染。

5）从中心：从中心开始渲染矩形、圆角矩形、椭圆或自定形状。

6）对齐像素：将矩形或圆角矩形的边缘对齐像素边界。

7）圆（绘制直径或半径）：将椭圆约束为圆。

8）半径：对于圆角矩形，指定圆角半径。对于多边形，指定多边形中心与外部点之间的距离。

9）平滑拐角或平滑缩进：用平滑拐角或缩进渲染多边形。

10）星形：在文本框中输入百分比，指定星形半径中被点占据的部分。如果设置为 50%，则所创建的点占据星形半径总长度的一半；如果设置大于 50%，则创建的点更尖、更稀疏；如果小于 50%，则创建更圆的点。

11）箭头起点和终点：用箭头渲染直线。选择"起点"、"终点"或两者，指定在直线的哪一端渲染箭头。输入箭头的凹度值（-50%～+50%）。凹度值定义箭头最宽处（箭头和直线在此相接）的曲率。

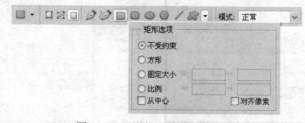

图 3-128　形状工具的几何选项

（3）在图层中绘制多个形状　使用形状工具或钢笔工具的"形状图层"模式和"路径"模式，都可以在图层中绘制多个形状，并指定重叠的形状如何相互作用，具体可以通过工具属性栏上的 ▢▯▫▫ 来完成，它依次表示如下。

1）创建形状图层 ▢：只针对形状图层模式才有此复选项，以蒙版的形式添加新的形状图层。

2）添加到形状区域 ▯：可以为现有形状或路径添加新形状区域。

3）从形状区域减去 ▫：可以从现有形状或路径中删除重叠区域。

4）交叉形状区域 ▫：可以将区域限制为新区域与现有形状或路径的交叉区域。

5）重叠形状区域部分 ▫：可以从新区域和现有区域的合并区域中排除重叠区域。

在图像中绘画时，通过单击选项栏中的工具按钮，可以很容易地在绘图工具之间切换。在利用形状工具绘画时，可使用快捷键进行：按住<Shift>键可临时选择"添加到形状区域"选项；按住<Alt>键可临时选择"从形状区域减去"选项；按住<Alt+Shift>组合键可临时选择"交叉形状区域"。

4．课后练习

运用钢笔工具和形状工具结合所学知识完成如图 3-129 所示的效果。

图 3-129　课后练习效果图

解题思路

1）选择"形状工具"中的椭圆与圆角矩形并采用交选的方式绘制灯笼的外轮廓。

2）利用工具箱中的  工具，在罐身上绘制出波浪、菱形纹等形状与罐身的图形交叉。

3.4.4　实例四　古典图案

1. 本实例需掌握的知识点

1）自定形状工具的使用。

2）新路径的储存、调用。

实例效果如图 3-130 所示。

2. 操作步骤

1）新建文件 380×460 像素，RGB 模式，分辨率 72 像素，白色背景。

图 3-130　实例效果图

2）设置前景色 R：253、G：251、B：254，对底色进行填充。调整前景色为 R：33、G：45、B：98，选择工具箱中的 工具，并选择属性栏中的 选项，在文件上进行形状图层的描绘，并用 工具对曲线部分进行调整，效果如图 3-131 所示。

3）选择工具箱中的 工具，在属性栏上的"形状"旁点开 ，弹出如图 3-132 所示的系统默认的用户自定形状，单击右上角的按钮，会看到各种不同的形状系列："自然"、"形状"、"拼贴"等。

图 3-131　绘制形状图层

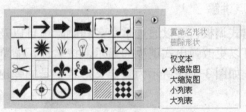

图 3-132　弹出式形状调板选项

4）执行"装饰"→"确定"，将装饰图案调出，选择"水波"，同时单击工具属性栏上的"路径"按钮 ，在文件右侧进行拖画，绘制"水波"路径，如图 3-133 所示。

5）设置前景色为 R：33、G：45、B：98，选择 工具，在"路径"上单击鼠标右键，在弹出的快捷菜单中选择"填充路径"→"前景色"命令，完成色彩的填充；同样用"直线"、"饰件 8"、"花型饰件 2"，在文件右侧进行拖画并填充，效果如图 3-134 所示。

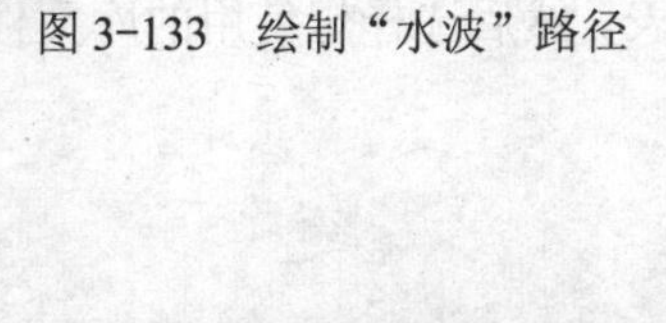

图 3-133　绘制"水波"路径

图 3-134　填色

6）设置前景色为 R：253、G：251、B：254，选择"饰件 4"、"饰件 5"，在文件左侧完成填充，效果如图 3-135 所示。

7）打开光盘"素材"\"第 3 章"\"路径"，可以看到预先画好的一个花型路径。执行"编辑"→"定义自定义形状"命令，弹出"形状名称"对话框，如图 3-136 所示。在名称栏输入"花"，单击"确定"按钮，这样就完成了一个新路径的储存。

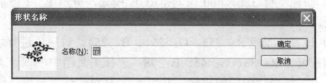

图 3-135　绘制左侧饰件　　　　　　　　　图 3-136　定义自定义形状

8）选择工具箱中的工具，在属性栏上的"形状"旁点开，找到刚才存储的图形，设置前景色为 R：253、G：251、B：254，在文件左侧适当位置拖画并填充。

9）最后保存文件为"青花.jpg"。

3．知识点讲解

使用弹出式调板，可以通过重命名和删除项目以及通过载入、存储和替换库来自定弹出式调板。还可以更改弹出式调板的显示，按名称、缩览图图标或者同时按名称和缩览图图标来查看项目。如图 3-137 所示为自定义形状工具的弹出式调板。

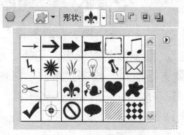

图 3-137　弹出式调板

1）可以单击选项栏中的缩览图图像来选择弹出式调板中的项目。

2）选择一个项目后，单击弹出式调板右上角的三角形按钮，然后从调板菜单中选取"重命名"命令来更改项目的名称；选取"删除"命令可删除当前项目。

3）自定弹出式调板中的项目列表。

在自定义形状工具属性栏中打开"自定义形状拾色器"选取器，单击画笔列表框右上角的按钮，弹出分级子菜单。可通过"复位形状"、"载入形状"、"存储形状"和"替换形状"几个选项来载入、存储、复位、替换项目。

"替换形状"命令用一个不同的库替换当前列表。然后选择想使用的库文件，并单击"载入"。"替换形状"也可以在"自定义形状拾色器"的分级子菜单中直接进行载入,在弹出的调板项目列表中有"动物"、"自然"、"形状"、"箭头"等快捷选项,直接单击即可进行载入,当选择不同于当前的形状系列时,会出现一个是否替换当前形状系列的对话框,单击"确定"按钮则当前的形状系列被替换掉,单击"追加"按钮则选择形状系列与原有形状系列共同显示在显示框内。

要返回到默认库,请选取"复位形状"命令。您可以替换当前列表,或者将默认库追加到当前列表。

如果想将当前列表存储为库供以后使用,则选取"存储形状"命令。然后输入库文件的名称,并单击"保存"按钮。

4)可以在图 3-137 中选择视图选项"纯文本"、"小缩览图"、"大缩览图"、"小列表"和"大列表"来更改弹出式调板中的项目显示。

5)将形状或路径存储为自定形状。在路径调板中选择路径,可以是形状图层的矢量蒙版,也可以是工作路径或存储的路径。执行"编辑"→"定义自定形状",然后在"形状名称"对话框中输入新自定形状的名称。新形状出现在"形状"弹出式调板中。要将自定形状存储为新库的一部分,就要从弹出式调板菜单中选择"存储形状"。

新路径存储时,最好有一个参照图形进行描画,这样效率会大大增加。

4.课后练习

运用钢笔工具和形状工具结合所学知识完成如图 3-138 所示效果。

图 3-138　课后练习效果图

解题思路

1)利用工具箱中的 工具和 工具,绘制出一侧的形状图层区域。

2)填充另一侧的区域。

3)利用工具箱中的 工具,在图中绘制出月亮、脚丫、星星等形状的图层区域。

3.4.5　小结

本节课主要学习"路径工具"的相关知识,并与"形状工具"相配合来学习各种使用方法。其中用"路径工具"创建图形有一定难度,需要多加练习,才会达到熟练的程度。

3.5　Adobe Photoshop CS5 的文字工具

3.5.1　实例一　淘宝网店广告

1.本实例需掌握的知识点

1)文字输入工具的基础知识。

2）创建变形文字。

3）图层样式的运用。

制作文字变形的效果如图 3-139 所示。

图 3-139　实例效果图

2．操作步骤

1）打开光盘"素材"\"第 3 章"\"淘宝网店广告.jpg"图片。

2）选择工具箱中的文字输入工具 T，在工具属性栏中设置，字体为"Adobe 黑体 Std"，字号 41，前景色 RGB 为 222，198，192。在画面中单击，输入文字"Lovely Style With Babi"。

3）单击图层面板下方的"添加图层样式"按钮 🔤，在弹出的对话框中选择"描边"项，为文字添加"描边"样式。描边颜色 RGB：254，204，165。描边大小为 1 像素。继续为文字添加"投影"样式，文字效果如图 3-140 所示。

Lovely Style With Babi

图 3-140　图层样式效果图

4）选择工具箱中的文字输入工具 T，在工具属性栏中设置，字体为"Adobe 黑体 Std"，字号 32，前景色 RGB 为 222，198，192。在画面中单击，输入文字"限时折扣"。单击图层面板下方的"添加图层样式"按钮 🔤，在弹出的对话框中选择"描边"项，为文字添加"描边"样式。描边颜色 RGB 为 129，120，113。描边大小为 3 像素。

5）选择工具箱中的文字输入工具 T，单击工具属性栏中间的"创建文字变形"按钮 🔤。打开"文字变形"对话框，设置文字变形样式为扇形。效果如图 3-141 所示。

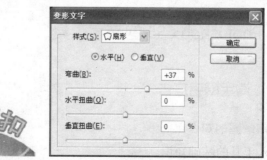

图 3-141　文字变形设置

6）选择工具箱中的文字输入工具 T，在工具属性栏中设置，字体为"Adobe 黑体 Std"，字号 27，前景色 RGB 为 233，137，90。在画面中单击，输入文字"ing……"。单击图层面板下方的"添加图层样式"按钮，在弹出的对话框中选择"描边"项，为文字添加"描边"样式。描边颜色 RGB 为 119，105，105。描边大小为 2 像素。

7）选择工具箱中的文字输入工具 T，单击工具属性栏中间的"创建文字变形"按钮。打开"文字变形"对话框，效果如图 3-142 所示。

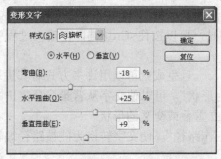

图 3-142　变形文字效果

8）选择工具箱中的文字输入工具 T，在工具属性栏中设置，字体为"Adobe 黑体 Std"，字号 20，前景色 RGB 为 222，198，192。在画面中单击，输入文字"Spiring 2012 最新款发布"。单击图层面板下方的"添加图层样式"按钮，在弹出的对话框中选择"投影"项，投影距离为 2 像素。

9）选择工具箱中的文字输入工具 T，在工具属性栏中设置，字体为"Adobe 黑体 Std"，字号 27，前景色 RGB 为 222，198，192。在画面中单击，输入文字"韩国最 IN 时尚品牌"。单击图层面板下方的"添加图层样式"按钮，在弹出的对话框中选择"描边"项，为文字添加"描边"样式。描边颜色 RGB 为 119，105，105。描边大小为 3 像素，效果如图 3-143 所示。

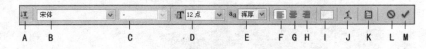

图 3-143　为文字添加图层样式

3．知识点讲解

（1）设置文字工具选项　在 Photoshop CS5 中，文字工具提供了许多有关输入文字和文字变形的选项，在添加文本时应当先熟悉它们的作用。文字工具属性栏的各个选项如图 3-144 所示。

图 3-144　文字工具属性栏

A．改变文本方向　B．选择字体　C．设置字体类型　D．设置字体大小　E．字体平滑程度　F．左对齐
G．居中对齐　H．右对齐　I．设置字体颜色　J．建立变形文字　K．字符和段落调板　L．取消　M．提交

另外，在工具箱上面，文字工具组有四种形式，即横排、直排、横排文字蒙版和直排文

字蒙版，它们的快捷键为 T，可按<Shift+T>组合键将这些文字进行转换，如图 3-145 所示。

图 3-145　文字工具组

（2）输入文字　选择"文字工具"并在画面上单击，Photoshop CS5 自动生成一个新层，并且把文字光标定位在这一层中。输入文字时，可以按住<Ctrl>键，在输入过程中对文字进行放大与缩小。

在文字层中可以有很多生成文字的方式，一旦生成就可以用许多方式对其进行操作。

1）选择"图层"→"文字"→"转换为形状"，可以使文字从背景层分离出来。转换之后，使用形状工具条上的各选项可以与其建立重叠或交叉的形状。

2）选择"图层"→"文字"→"建立工作路径"，使文字转换为能被路径编辑工具编辑的路径。

3）选择"图层"→"文字"→"栅格化"，要对文字进行填充或使用滤镜，必须首先对文字进行栅格化。

（3）编辑文字　如果希望输入大段的文字并且使用 Photoshop CS5 的段落格式选项，必须以段落模式输入文本。通过在画面上单击和拖拉鼠标可以形成一个文本区域用来进行段落模式的输入。

（4）使用字符调板　可以使用字符和段落调板对文本格式进行控制。字符调板及其弹出式菜单提供的选项都与单个字符的格式相关。要打开字符调板，可单击文字工具属性栏中的📋调板按钮，打开如图 3-146 所示的"字符段落"对话框。

1）"仿粗体"和"仿斜体"能够使不具有这种风格的文本加粗或变成斜体。

2）"分数宽度"可以对字符间的距离进行调整以产生最好的印刷排版效果。如果用于 Web 或多媒体，文字尺寸大小就要取消此选项，因为小文字之间的距离会更小，不易于阅读。

3）"无间断"可以使一行最后的单词不断开。例如希望 New York 不被断成两行。为了避免一个单词或一组单词断行，可以选定文字然后选择"不断行"。

4）"复位字符"把字符调板的所有选项重新设置为默认值。

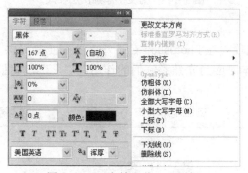

图 3-146　"字符段落"对话框

（5）使用段落调板　Photoshop CS5 的段落调板可以对整段文字进行操作，可以通过单击文字工具属性栏上的📋调板按钮或选择"窗口"→"段落"命令来打开段落调板。

段落调板的大多数选项只适用于在段落模式下输入的文字。多数的命令与 Adobe InDesign、Adobe Page Maker 或 Quark Press 中的命令类似。段落调板如图 3-147 所示。

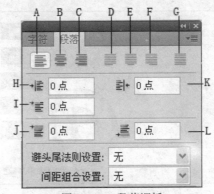

图 3-147　段落调板

A. 左对齐　B. 居中对齐　C. 右对齐　D. 最后一行左对齐　E. 最后一行中对齐　F. 最后一行右对齐
G. 整体对齐　H. 左缩进　I. 首行缩进　J. 段前添加空格　K. 右缩进　L. 段后添加空格

4. 课后练习

打开光盘"素材"\"第 3 章"\"攀岩.jpg"图片，通过编辑字符调板完成如图 3-148 所示的效果。

图 3-148　课后练习效果图

解题思路

1）选择工具箱中的文字输入工具 T，在工具属性栏中设置，字体为"Impact"。在画面中单击，输入文字"Jeep.Jone"，可以按住<Ctrl>键，配合鼠标左键拖动调整字体的大小。调整好后，单击属性栏中的 ✔ 提交文字。

2）改变文字颜色。在属性栏上单击"设置文本颜色"的色块，弹出选择文本颜色对话框，设置颜色为白色。在图层面板中，将本图层的不透明度改为60%。

3）选择工具箱中的文字输入工具 T，在工具属性栏中设置，字体为"长城行楷体"。字体大小为51点。在画面中单击，输入文字"只要跟随自己的方向，就足够精彩。"

4）在属性栏中单击"字符面板"按钮 目。将刚才输入的文字选中，在字符面板中设置调整所选字符的字距 VA 数值为-280。单独选中"方向"两个字，把字体大小改为33点。

3.5.2　实例二　宣传册封面

1. 本实例需掌握的知识点

1）横排与直排文字蒙版工具的使用技巧。

2）文字蒙版的使用技巧。

实例效果如图 3-149 所示。

图 3-149　实例效果图

2. 操作步骤

1）打开光盘中"素材"\"第 3 章"\"封面背景"图片。置入"3-宣传册封面"图片，单击属性栏中的提交按钮✔。

2）用文字蒙版工具🅣，单击画面，设置字体为"Adobe 黑体 Std"，文字大小为 300 点，输入文字"@"，然后单击提交按钮✔。选择矩形选框工具▣，移动选区到如图 3-150 所示的位置。

3）在图层面板单击添加图层蒙版▣，效果如图 3-151 所示。

图 3-150　制作文字选区

图 3-151　为图层添加蒙版

4）为"图层 1"添加图层样式中的内阴影。

5）用文本工具输入公司名称，公司网址等文字。

3. 知识点讲解

（1）文字蒙版描边　建立好的文字蒙版除了可以填充颜色或图案外，也可以对其进行描边的修饰。执行"编辑"→"描边"命令可以对文字蒙版描边，这时我们会得到一个空心的文字效果。也可以将填充与描边同时应用，从而得到更加丰富的文字效果。

（2）将文字蒙版转换为 Alpha 通道　建立文字蒙版后，如果在文字选区以外的地方单击，选区就会消失。此时可以使用 Alpha 通道来保存选区。单击通道面板下面的"将选区转化为通道"按钮，将产生一个储存文字外形的 Alpha 通道。

（3）将文字蒙版转换为路径　将文字蒙版转换为路径以后，就可以永久地保存。单击路径选项面板下部的"将选区转换为路径"按钮，将会得到一个文字外形的路径，对这个路径进行编辑可以得到一些特殊外形的文字。

4．课后练习

打开光盘"素材"\"第 3 章"\"沙漠.jpg"图片，运用本节所学知识制作如图 3-152 所示的效果。

图 3-152　课后练习效果图

解题思路

1）用仿制图章工具将图片正文的文字处理掉。

2）建立好文字蒙版并且填充白色。其中中文字体和英文字体为两种不同的字体，但在同一图层。

3）单击图层面板下方的"添加图层样式"按钮 _fx._，为文字添加"描边"和"外发光"样式。"描边"的设置如图 3-153 所示。"结构"的"大小"参数为"1"。

4）"外发光"样式的设置如图 3-154 所示。外发光的颜色为黄色。

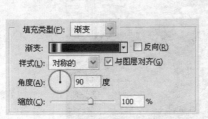

图 3-153　描边参数设置

图 3-154　外发光样式设置

3.5.3　实例三　路径文字

1．本实例需掌握的知识点

1）文字与路径结合使用技巧创建变形文字。

2）调整文字与路径的位置关系。

实例效果如图 3-155 所示。

2．操作步骤

1）打开光盘"素材"\"第 3 章"\"路径文字光盘背景.jpg"图片。按<Ctrl>+；快捷键，显示参考线。

图 3-155　实例效果图

2）选用⬤椭圆工具，在属性栏选择✐路径，按<Alt+Shift>组合键绘制正圆，选择横排文字工具，在路径上单击输入如图 3-156 所示的英文。提交之后重新单击文字工具，设置字体为 Nuevastd，修改文字大小为 17 点。

3）选择直接选择工具 ▶ 调整文字的位置。注意起始点和结束点的位置。调整好后，双击图层尾部，为图层添加投影样式，修改不透明度为 44%。效果如图 3-156 所示。

图 3-156　沿路径输入文字

4）选用椭圆工具⬤，在属性栏选择✐路径，按<Alt+Shift>组合键再绘制较小的正圆，输入如图 3-156 所示的汉字，用 ▶ 直接选择工具调整文字的位置，并修改文字的字体为"汉鼎繁古印"，大小 22 点。双击图层尾部添加描边效果，描边大小为 3 像素，描边颜色为#174740。效果如图 3-156 所示。

5）再用同样的方法，创建如图 3-157 所示的路径文字，字体为"方正水柱简体"，颜色为#2fcbb3，大小为 14 点。双击图层尾部，为图层添加描边效果，描边颜色为黑色。效果如图 3-157 所示。

图 3-157　调整文字位置

6）用钢笔工具绘制如图 3-158 所示的曲线，用横排文字工具在绘制好的路径上单击。输入如图 3-158 所示的文字，颜色为#34e0c6，并为文字图层添加描边效果。

图 3-158　钢笔曲线路径文字

104

3．知识点讲解

1）定位指针。绘制一条路径，选择文字输入工具 **T**，将工具移动到路径上，使文字工具的基线指示符位于路径上，然后单击。单击后，路径上会出现一个插入点，此时输入文字即可。

2）输入文字，横排文字沿着路径显示，与基线垂直。直排文字沿着路径显示，与基线平行。

3）在路径上的文字可以通过路径选择工具 **▶**，在圆点位置出现箭头，向箭头所指的方向拖拽，就可以调节文字在路径的上下位置，在圆点位置左右方向拖拽，可以调整文字在路径上的左右位置，如图 3-159 所示。

图 3-159　调整文字位置

4．课后练习

环形文字效果如图 3-160 所示。

图 3-160　课后练习效果图

解题思路

1）调出标尺参考线，将垂直参考线和水平参考线的交叉点设置在文档的中心处。

2）使用椭圆形工具 **◯**，选择"从中心"绘制路径的形式，以水平参考和垂直参考线的交叉点为中心绘制路径。

3）选择文字输入工具 **T** 沿路径输入中文文字。选择 **▶** 调整文字在路径上的位置。

4）使用同样方法绘制新的文字路径，并输入英文。注意调整文字在路径上的位置。

新建图层，置于文字层下方。

5）选择 **◯** 工具，单击工具属性栏上的 **▢** 按钮，绘制正圆，直径大于中文字体的直径。

6）单击工具属性栏上的"从路径中减去"按钮 **◰**，继续绘制正圆，形成圆环，圆环的大小与中文字相适应。

7）分别为圆环、中文字、英文字和背景添加不同的图层样式。

3.5.4 实例四 镶钻字

1. 本实例需掌握的知识点

1）文字与滤镜的结合运用。

2）文字与图层样式效果的结合使用。

实例效果如图 3-161 所示。

图 3-161 实例效果图

2. 操作步骤

1）新建立一个文档，宽度 600 像素、高度 300 像素、分辨率 300，颜色模式 RGB，背景填充为黑色。

2）在工具箱中选择文字工具，字体为黑体，字号为 56，前景色设置为白色。然后输入文字 lazo。在图层单击鼠标右键，栅格化文字。

3）按<Ctrl>键单击 lazo 图层缩览图。执行"滤镜"→"渲染"→"云彩"命令。

4）将文字执行"滤镜"→"扭曲"→"玻璃"命令，参数设置如图 3-162 所示。按<Ctrl+M>组合键调出曲线面板，调整如图 3-163 所示。

图 3-162 滤镜玻璃参数值

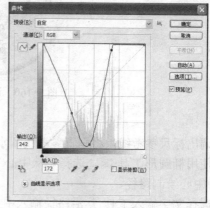

图 3-163 曲线

5）为图层 lazo 添加图层样式里的描边。大小为 10，填充类型为渐变。角度为 98。渐变的三种颜色为 d99f00，ff9e12，d99f00。

6）继续为图层添加斜面浮雕。样式：描边浮雕；方法：雕刻清晰；深度：111%；大小10 像素；软化：0 像素。阴影角度：120；高度：30；光泽等高线：环形-双。

7）继续为图层添加等高线，具体设置如图 3-164 所示。

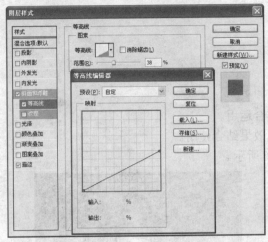

图 3-164　设置等高线

8）最后给其加一些星光效果。单击画笔，将画笔改成混合画笔，找到星型画笔，在图中进行描绘。

3．知识点讲解

（1）文字删格化与滤镜效果相结合使用　文字栅格化以后才可以使用滤镜。但是，文字栅格化以后，不具备文字属性，字符与段落调板对栅格化后的文字就不起作用了。所以，一定在确定好文字的字体、大小、间距等参数后再栅格化。文字与滤镜的结合，可以制作不同质感的文字特效。制作文字特效的时候，也常常是几种滤镜结合使用来达到一个效果。

（2）图层样式与文字相结合　图层样式可以给文字添加很多效果，常用浮雕效果增加文字的立体感，投影效果增加文字的真实感。我们也常常使用几种样式来达到效果。金属字常用到的渐变叠加，斜面浮雕等高线；霓虹字常用到的外发光，内发光；珠宝字常用到的内发光，光泽等。

4．课后练习

运用本节课所学知识制作如图 3-165 所示的特效文字。

解题思路

1）新建黑色背景文件，输入"燃烧"文字，黑体，白色。

2）复制"燃烧"文字，改颜色为黑色。

图 3-165　课后练习效果图

3）隐藏黑色字，选择白色字。旋转画布，执行滤镜"风"命令 4 次。

4）显示黑色字，改小字号，执行"风"命令两次。

5）旋转画布，合并两个文字层，执行滤镜"波纹"命令。

6）执行滤镜"方框模糊"命令，设置透明度为 55。

7）依次执行"图像"→"模式"中的"灰度"、"索引颜色"、"颜色表"命令，选择"颜色表"中的"黑体"。

8）再执行"图像"→"模式"中的"RGB 颜色",复制图层,执行"方框模糊"命令。最后添加"蒙版",制作完成。

3.5.5 实例五 钉珠花边文字

1. 本实例需掌握的知识点

1）文字与滤镜的结合运用。

2）文字与图层样式效果结合使用。

实例效果如图 3-166 所示。

图 3-166 实例效果图

2. 操作步骤

1）新建立一个文档,宽度 270 像素、高度 270 像素、分辨率 150,背景为透明。

2）选择多边形工具,绘制如图 3-167 所示的多边形。

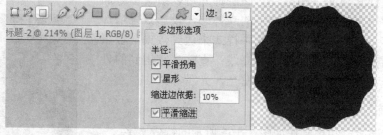

图 3-167 实例效果图

3）选择椭圆工具,在属性栏里选择路径,按<Alt+Shift>组合键,绘制如图 3-168 所示的正圆路径。

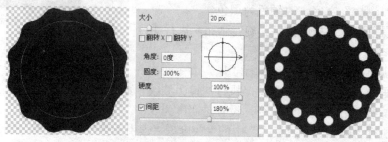

图 3-168 绘制正圆路径

4）前景色设置为白色，选择画笔工具，打开画笔面板，选择硬边圆画笔，大小为 20 像素，间距为 180。回到图层面板，新建一个图层，单击鼠标右键，在弹出的快捷菜单中选择路径画笔描边，效果如图 3-168 所示。

5）用 路径选择工具选中刚才绘制的正圆路径，按<Ctrl+T>键调出自由变换框，将其缩小到 70%。参照步骤 4）的方法，修改画笔大小为 7 像素，间距为 150，新建一个图层，再做一个路径画笔描边。

6）在路径面板中的空白处单击，取消路径选择。执行"编辑"→"定义画笔预设"，默认名称为样本画笔 1。

7）新建立一个文档，宽度 1024 像素、高度 768 像素、分辨率 150。

8）导入光盘"素材"\"第 3 章"\"钉珠花边文字背景.jpg"图片。将它拖到新建的文档内，改变图层混合模式为正片叠底，不透明度为 20%。

9）在背景图层选择渐变工具，在属性栏选择径向渐变，渐变颜色为#21e0e2 和#187b77。效果如图 3-169 所示。

图 3-169　背景效果

10）文字工具输入文字：小花 nn，字体为方正少儿简体，颜色为#d8c7d1，大小 153点。为文字图层添加内阴影、斜面和浮雕，编织纹理和描边样式，描边颜色为#f8bbbb。设置如图 3-170 所示。

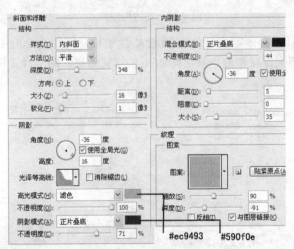

图 3-170　文字图层样式

11）在文字图层单击鼠标右键，创建工作路径，选择画笔工具，在画笔面板里找到刚才定义的样本画笔 1，修改画笔大小为 30 像素，间距为 75%。前景色为白色，新建一个图层，用 选中路径，单击鼠标右键选择画笔描边，效果如图 3-171 所示。

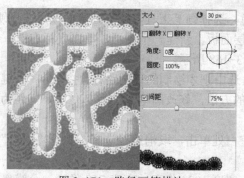

图 3-171　路径画笔描边

12）把刚才在路径画笔描边的图层拖动到文字层的下面，并为其添加投影，斜面浮雕，蚁穴纹理和颜色为#ffebd9 的颜色叠加图层样式。样式设置如图 3-172 所示。

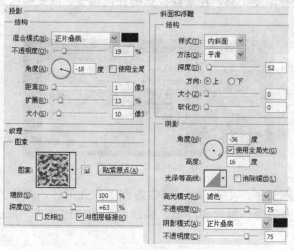

图 3-172　花边图层样式

13）选择画笔工具，在画笔面板修改画笔大小为 12，间距为 200%，绘制钉珠。

14）设置投影，斜面浮雕和颜色叠加#fbcf96 的样式效果。图层样式设置如图 3-173 所示。

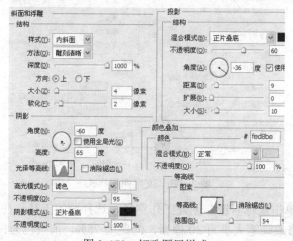

图 3-173　钉珠图层样式

15）建一个图层，按<Alt>键把刚才调整的钉珠的图层样式复制给新建的图层。修改画笔大小为 45 像素，在新建图层单击，绘制大的钉珠。双击图层尾部的指示图层效果 fx，把斜面浮雕的大小增大。去掉阴影样式。

16）照同样的方法用画笔绘制其余的钉珠。

3．知识点讲解

1）图层样式与文字的结合使用。图层样式可以给文字添加很多效果，例如：投影、浮雕、描边等常用的效果。

2）图层样式的复制和修改可以创造出大小不同的
钉珠效果。

4．课后练习

运用本节所学知识制作如图 3-174 所示的特效文字。

图 3-174　课后练习效果图

解题思路

1）新建文件 600×300 像素，分辨率 72，输入文字：镀银字，字体：正少儿简体，大小为 153 点，设置文本颜色为白色。

2）为图层添加投影，斜面浮雕效果。图层样式设置如图 3-175 所示。

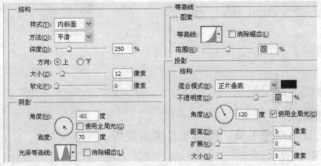

图 3-175　图层样式设置

3.5.6　小结

本节主要学习运用文字工具的相关知识，其中包括对文字调版和图层样式的学习，文字蒙版的了解。其中文字与路径的结合使用，运用文字与滤镜的结合创造出漂亮的特效文字等，对文字工具的熟练使用对以后学习有深远的影响。

本 章 总 结

本章对 Adobe Photoshop CS5 绘图修饰、图像编辑的操作方法及文字工具进行了介绍与阐述，并结合简明的实例对它们进行具体的讲解，同时还对工具的属性与一些技巧进行了说明，这样有利于我们今后在修饰、编辑图像的工作中熟练地运用。

第 4 章 Adobe Photoshop CS5 的蒙版、通道和动作

学习目标

1）了解蒙版的用途及种类。

2）掌握蒙版的编辑方法。

3）掌握调整图层和填充图层的使用方法。

4）了解通道的种类。

5）掌握多种通道的使用和编辑方法。

6）熟悉和使用动作面板。

4.1 Adobe Photoshop CS5 的蒙版

4.1.1 实例一 鹰

1. 本实例需掌握的知识点

1）为图层添加蒙版。

2）编辑蒙版。使用渐变工具、绘图工具编辑蒙版。

实例效果如图 4-1 所示。

图 4-1 实例效果图

2. 操作步骤

1）新建文件 395×480 像素。

2）打开光盘"素材"\"第4章"\"鹰"和"山"图片。

3）选择工具箱中的 ▶ 工具，分别将素材图片"鹰"和"山"拖拽到新建文件中，将素材"鹰"的图片置于顶层，图层命名为"鹰"。

4）分别对两个图层执行"自由变换"命令，调整其位置和大小。

5）选择图层"鹰"，单击图层面板下方的"添加图层蒙版"按钮 ▣ ，为其添加"蒙版"。

6）选择工具箱中的"渐变填充"工具 ▣ ，单击工具属性栏上的 ▬▬▬ ，打开"渐变编辑"对话框，编辑渐变色。

7）选择 ▣ 渐变形式，用编辑好的渐变色填充蒙版，此时图层面板如图 4-2 所示。

8）选择工具箱中的 ✎ 工具，设置前景色为黑色，工具属性栏中画笔的透明度为 70%。在图层面板中选择"蒙版"并用设置好的画笔在"鹰"图层中描绘，将"鹰"的图片在水中的部分隐藏。画笔描绘的位置如图 4-3 所示。

9）保存文件。

图 4-2　图层面板

图 4-3　画笔在蒙版中描绘的位置

3. 知识点讲解

（1）了解蒙版　在图层编辑中，想要在简单合成分层图像的同时又保持原图像素不被破坏，其关键在于图层蒙版的应用。蒙版不会实际影响该图层上的图像，可以应用蒙版使这些更改永久生效，或者删除蒙版，不应用蒙版更改效果。

图层蒙版是灰度图像，它应用于上下两个图层，蒙版往往被添加到上一图层中。如果选择画笔工具，用黑色在蒙版上描绘将隐藏当前图层内容，显示下一层的图像。相反，用白色在蒙版上描绘则会使被隐藏内容恢复。蒙版面板如图 4-4 所示。

1）从蒙版中载入选区。单击此按钮可将蒙版作为选区载入继续编辑。

2）应用蒙版。单击此按钮可将编辑好的蒙版被应用于图层中，图层面板中的蒙版同时被删除。

3）停用蒙版。单击此按钮蒙版被停用，图层面板中的蒙版缩略图显示红叉，再次单击蒙版则被启用，同时红叉消失。

4）删除蒙版。单击此按钮删除蒙版。

5）像素蒙版。制作选区后，单击此按钮将以选区的形状为图层添加像素蒙版。

6）矢量蒙版。绘制路径后，单击此按钮将以路径的形状为图层添加矢量蒙版。

7）单击 颜色范围... 可打开"颜色范围"对话框，通过对图像中颜色的拾取可设置不同效果的蒙版。矢量蒙版被用于创建基于矢量形状的边缘清晰的设计元素。

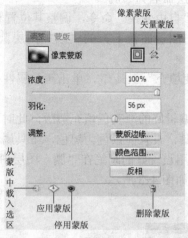

图 4-4　蒙版浮动面板

（2）蒙版的类型　蒙版的类型主要有图层蒙版、矢量蒙版和快速蒙版。所有蒙版都能用在编辑图像时，使图像部分显示或隐藏。

图层蒙版被用来创建基于像素的柔和边缘蒙版，遮蔽整个图层或图层组，或者只遮蔽其中的所选部分；而矢量蒙版被用于创建基于矢量形状的边缘清晰的设计元素。

快速蒙版的优点是可以同时看到蒙版和图像。可以从选取区域开始，是由画笔工具来添加或删除其中部分区域，或者能够在快速蒙版模式下完整地创建蒙版。

1）像素蒙版。像素蒙版的使用必须在普通图层中进行，背景层不可以添加蒙版。具体使用方法是选择要添加蒙版的图层，单击"图层面板"下方的"添加图层蒙版"按钮 ，为该图层添加蒙版。我们可以用渐变工具来编辑蒙版，也可以用一种绘图工具来描绘蒙版，实例一"鹰"中的蒙版就是用渐变工具来编辑的蒙版效果。

通常我们都是在显示图层内容的情况下编辑蒙版，也可以将蒙版放置到工具区中来编辑。其方法是按住<Alt>键的同时，单击蒙版的缩略图，此时蒙版被放置到工作区域。选择一种绘图工具，用黑色画笔来添加蒙版的内容，用白色画笔去掉蒙版的内容。

在蒙版缩略图上单击鼠标右键，在打开的快捷菜单中可以选择蒙版的"停用、删除、应用等方式"。

另外，我们也可以通过菜单栏中的"图层"菜单为图层添加蒙版。

图 4-5　莲花

2）矢量蒙版。矢量蒙版也可以称为路径蒙版。要提取那些边缘复杂清晰的对象，我们可以使用钢笔工具沿图像边缘创建路径，如图 4-5 中的莲花。

我们要将其中的莲花提取就可以使用钢笔工具，沿莲花的边缘绘制路径，单击蒙版面板中的"添加矢量蒙版"按钮 ，即可为图层添加适量蒙版提取出莲花图像，路径的绘制与矢量蒙版结果如图 4-6 所示。

a)　　　　　　　　　　　　　　　b)

图 4-6　路径绘制图和蒙版的结果图

a）路径绘制图　b）蒙版的结果图

　　创建矢量蒙版的方法很多，也可以先在图层上添加矢量蒙版，使其全部显示，再用钢笔工具勾勒对象形状，同样可以将所需对象提取出来。

　　3）快速蒙版。快速蒙版与普通蒙版不同之处在于，快速蒙版是暂时性的，不能保存。在快速蒙版模式下，可以直接在图层中将任何选区作为蒙版进行编辑，当返回到标准模式下时，蒙版已变为活动的选区。

　　例如，要提取出图 4-7 中的莲花图像。单击工具箱下方的"以快速蒙版模式编辑"按钮，进入快速蒙版模式。选择画笔工具 ，在荷叶部分描绘，其中透明部分为选区部分，完成后单击"以标准模式编辑"按钮 ，返回标准模式，蒙版已变为活动的选区。

a)　　　　　　　　　　　　　　　b)

图 4-7　莲花原图与快速蒙版编辑图

a）莲花原图　b）快速蒙版编辑图

　　4. 课后练习

　　打开光盘"素材"\"第 4 章"\"莲花 3"图片，用编辑图层蒙版的方式完成如图 4-8 所示的效果。

图 4-8　课后练习效果图

解题思路

1）新建图层填充白色，置于荷花图层下方。

2）为荷花图层添加图层蒙版，对图层蒙版执行"分层云彩"滤镜，重复执行数次。

3）对图层蒙版执行"水波"滤镜，将编辑完蒙版的图层复制四层。

4.1.2 实例二 女孩

1. 本实例需掌握的知识点

1）掌握蒙版中"颜色范围"的使用。

2）掌握蒙版中"蒙版边缘"的使用。

3）了解"置入"图像的运用。

实例效果如图 4-9 所示。

图 4-9 实例效果图

2. 操作步骤

1）打开光盘"素材"\"第 4 章"\"月色"图片。

2）双击背景层变为"图层 0"。新建"图层 1"置于"图层 0"下方，并为"图层 1"填充蓝白线性渐变色。文档及图层面板如图 4-10 所示。

图 4-10 文档与图层面板

3）选择"图层 0"添加蒙版，单击蒙版面板中的 颜色范围... 按钮，设置蒙版的颜色范围。勾选"反相"框，选择对话框中的吸管工具并在文档的图像中拾取颜色，可根据效果增加或减少颜色的拾取。此时文档中的图像及"色彩范围"对话框如图 4-11 所示。

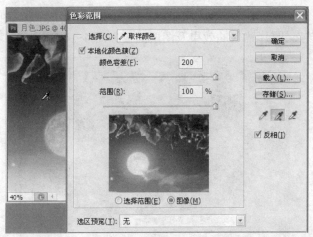

图 4-11　"色彩范围"对话框的设置

4）单击"确定"按钮，关闭"色彩范围"对话框，此时图像及图层面板如图 4-12 所示。

图 4-12　图像效果及图层面板

5）单击蒙版面板中的 蒙版边缘… 按钮，打开"调整蒙版"对话框，设置其中的半径、羽化、移动边缘等参数，确定后得到如图 4-13 所示的效果。

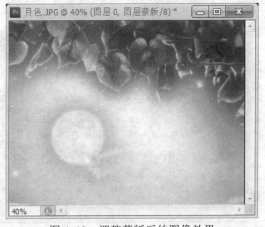

图 4-13　调整蒙版后的图像效果

117

6）选择"文件"→"置入"命令，将素材文件夹中的"女孩.jpg"图片置入当前文档中，图层名默认为"女孩"。图片置入的效果及图层面板如图 4-14 所示。

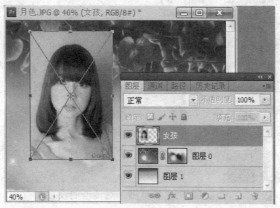

图 4-14　置入图像

7）在文档中双击"女孩"图片，此时置入的图片在文档中作为一个"智能对象"存在。为"女孩"图层添加蒙版，此时文档效果及图层面板如图 4-15 所示。

图 4-15　置入的智能对象及添加蒙版后的图层面板

8）同样使用蒙版面板中的"颜色范围"调整蒙版效果，调整后的图像效果及图层面板如图 4-16 所示。

图 4-16　调整蒙版后的图像效果及图层面板

9）按<Ctrl+T>组合键调整图像中女孩的位置及大小，完成后保存文件。

3．知识点讲解

在图层面板中提供用于调整蒙版的附加控件。可以像处理选区一样，调整不透明度以增加或减少显示蒙版内容、反相蒙版或调整蒙版边界。

（1）颜色范围　此控件可以根据图像中的颜色来调整蒙版。打开如图 4-17 所示的"色彩范围"对话框，我们可以在选区的范围调整蒙版，也可以对全图进行蒙版的调整。在"选择"下拉列表中，可以根据取样的颜色设置蒙版，也可以根据系统给定的颜色来设置蒙版。

图 4-17　调整蒙版

勾选"本地化颜色簇"选项，可在图像中选择相似且连续的颜色，以构建更加精确的蒙版。吸管工具用于在图像中拾取颜色，可根据不同效果增加或减少取样，所选取的颜色范围被作为蒙版的显示区域，勾选"反相"可以交换蒙版的显示和隐藏区域。

（2）蒙版边缘　此控件可调整蒙版的边缘效果，与选框工具的调整边缘工具相同，这里不再重复介绍。

4．课后练习

打开光盘"素材"\"第 4 章"\"酒杯"、"花"和"月" 3 幅图片，运用蒙版及图层颜色模式完成如图 4-18 所示的效果。

图 4-18　课后练习效果图

解题思路

1）选择"酒杯"图片，选择工具箱中的磁性套索工具，沿"冰块"与"酒"的外轮廓制作选区。

2）选择"花"图片，全选并复制图像。选择文件"酒杯"文件，执行"编辑"→"选择性粘贴"→"贴入"命令，此时"花"的图像被"贴入""酒杯"文件中，生成"图层1"并同时生成蒙版，蒙版的形状就是前面制作的选区的形状。

3）按<Ctrl＋T>组合键，执行"自由变换"命令，将"花"的图像缩小至合适位置。

4）此时的"花"仍然在"酒杯"外，单击"图层"面板左上角"正常"栏旁的小三角按钮，在弹出的下拉列表中选择"颜色加深"，改变"图层1"的显示模式，使"花"很自然地进入"酒杯"中。

5）选择"文件"→"置入"命令，将素材文件夹中的"月.jpg"图片置入到当前文档中，图层名默认为"月"。

6）双击背景层变为"图层0"，将"月"图层置于"图层0"下方。

7）为"图层0"添加蒙版，运用蒙版面板中的"颜色范围"调整蒙版，得到如图4-18所示的效果。

4.1.3 实例三 变色的儿童车

1. 本实例需掌握的知识点

1）了解调整图层。

2）掌握新调整图层的创建及编辑方法。

实例效果如图4-19所示。

图4-19 实例效果图

2. 操作步骤

1）打开光盘"素材"\"第4章"\"儿童车"图片。

2）选择工具箱中的 工具，沿图像中的红色部分制作选区，制作的选区位置如图4-20所示。

图4-20 制作选区

3）单击图层面板下方的"创建新的调整或填充图层"按钮 ，从弹出的快捷菜单中选择"色相/饱和度"项，打开"调整"面板，设置"色相/饱和度"，将其中的"色相"值设置为"-121"。

4）选择背景层，选择 工具，沿"玩具车"的木头部分制作选区。

5）再次单击图层面板下方的"创建新的调整或填充图层"按钮 ，从弹出的快捷菜单中选择"色彩平衡"项，在"调整"面板中设置"色彩平衡"参数，"中间调"的颜色值为"＋100，-100，-100"，此时图像效果及图层面板如图 4-21 所示。

图 4-21　图像效果及图层面板

3．知识点讲解

调整图层是 Photoshop 多种类型图层中的一种，在调解图像的不同色调时我们经常用到它。使用调整图层，就像在图像上覆盖了一层透明带颜色的玻璃，它对图像的调整是非破坏性的。我们可以对整个图像创建调整图层，也可以先制作选区再创建。

调整图层的具体创建方法是，单击图层面板下方的"创建新的调整或填充图层"按钮 ，也可以选择"图层"菜单中的"新建调整图层"命令来创建。本实例中我们先为红色部分的图像制作选区，再为选区创建一个"色相/饱和度"的调整图层。新创建的调整图层位于背景层上方，如图 4-22 所示。前面的图标为"图层缩略图"，后面的图标为"图层蒙版缩略图"。

图 4-22　新调整图层的位置及样式

此时的调整图层只对选区部分起作用，其道理与"制作选区再添加蒙版"的道理相似，选区外的部分为蒙版遮盖部分，选区部分为蒙版显示部分，调整的颜色通过这部分显示。在图层面板中单击创造的调整图层，调整面板即显示该调整图层的相关参数，可再次调整图像颜色。选择后面的"蒙版缩略图"可以用绘图工具对其进行编辑，其编辑方法与前面实例介绍的编辑蒙版的方法相同。

同一幅图像可以创建多个调整图层，可同时使用色阶、曲线、色彩平衡及可选颜色等调整方式进行调整，调整图层的顺序不同所得的图像效果也不相同。

4．课后练习

打开光盘"素材"\"第 4 章"\"人物"图片，运用本课所学知识将其处理成如图 4-23 所示的彩色效果。

图 4-23　课后练习效果图

解题思路

1）分别制作不同颜色的选区。

2）分别运用不同的选区创建调整图层，如色相/饱和度、色彩平衡等为人物着色。

3）选择绘图工具，如涂抹工具、加深工具、减淡工具、模糊工具等在背景层中细化人物。

4）复制背景层中的文字图形至新图层中，并将文字图层置于顶层。

4.1.4 实例四 飞雪

1. 本实例需掌握的知识点

1）了解填充图层。

2）掌握创建填充图层的方法。

3）设置预设图案及填充图案的参数值。

实例效果如图 4-24 所示。

图 4-24 实例效果图

2. 操作步骤

1）打开光盘"素材"\"第 4 章"\"雪原.tif"文件。

2）单击图层面板下方的"创建新的调整或填充图层"按钮 ，从弹出的快捷菜单中选择"图案填充"项。打开"图案填充"对话框，单击对话框左侧图案缩略图旁边的小三角按钮，会弹出新的"预设图案"窗口。"图案填充"对话框及"预设图案"窗口如图 4-25 所示。

图 4-25 图案填充对话框及预设图案窗口

3）单击"预设图案"窗口右上角的小三角按钮，从弹出的快捷菜单中选择"图案 2"项，打开名称为"Adobe Photoshop"的图案替换对话框，单击"追加（A）"按钮，将"图案 2"项追加到预设图案中，追加图案的对话框如图 4-26 所示。

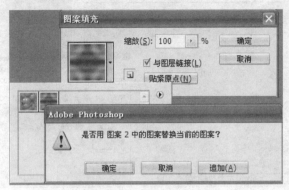

图 4-26　追加图案对话框

4）此时"图案 2"项中的图案已经出现在"预设图案"窗口中，选择如图 4-27 所示的"条痕（100×100 像素，灰度模式）"图案。

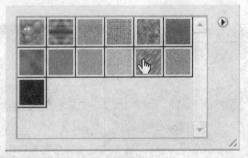

图 4-27　选择图案

5）回到"图案填充"对话框，单击"确定"按钮，此时填充的图案覆盖整个画面，此时的画面效果及图层面板如图 4-28 所示。

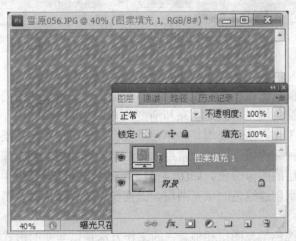

图 4-28　画面效果及图层面板

123

6）选择 线性渐变填充，设置渐变色为 样式，填充蒙版，蒙版填充后的效果及图层面板如图 4-29 所示。

图 4-29　填充蒙版后的效果及图层面板

7）此时的雪花效果太密集，感觉不真实，可以双击"图案填充 1"图层前面的图层缩略图，再次打开"图案填充"对话框，调整合适的缩放值。图案缩放值的设置及画面效果如图 4-30 所示。

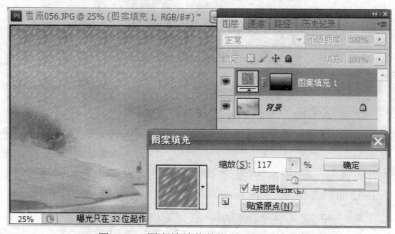

图 4-30　图案缩放值的设置及画面效果

3．知识点讲解

填充图层与调整图层的作用有些相似，它们都是在使图像变化的同时保持原图像素不被破坏。填充图层包括纯色填充、图案填充和渐变填充。

纯色填充图层的工作方法是使用某种单色填充图层，可以使用图层蒙版、矢量蒙版或同时使用两种蒙版。这种纯色填充图层最常用的方法是改变图层的混合模式，或改变图层的透明度来影响它下面图层的图像颜色。如图 4-31 所示，分别对背景层中的两个桃子制作选区和路径，然后对其分别创建纯色的填充图层，改变图层的显示模式，得到两个颜色比较鲜艳的图像效果。

渐变填充图层与纯色填充图层相似，它的工作方法是以渐变的形式填充图层。如图 4-32 所示，在不破坏背景图像的前提下，运用渐变填充的方法得到一片颜色鲜艳的绿叶。

图 4-31　纯色填充图层

图 4-32　渐变填充图层

制作方法是，制作绿叶的选区，创建渐变的填充图层，选择不同的渐变样式，可得到不同的树叶效果。

4. 课后练习

打开光盘"素材"\"第 4 章"\"国画.jpg"图片，运用本课所学知识处理成如图 4-33 所示的效果。

解题思路

1）调整图像的"亮度/对比度"，使图像黑白分明。

2）选择全部的白色背景，创建"图案填充图层"。

3）添加浮雕效果的图层样式。

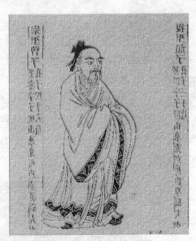

图 4-33　实例效果图

4.1.5　小结

本节主要学习运用蒙版编辑图像的相关知识，其中包括对蒙版种类的学习，蒙版的多种变化形式，新调整图层和填充图层的使用方法。其中对蒙版的理解是贯穿本节课程的主要知识点，不论创建新的调整图层还是填充图层都是建立在蒙版的基础上，都是对蒙版知识的深入理解和巧妙运用。

4.2 Adobe Photoshop CS5 的通道

4.2.1 实例一 红叶

1. 本实例需掌握的知识点

1）了解通道的类型。

2）掌握新建通道的方法。

3）用渐变色编辑通道。

4）调用通道中的选区。

实例效果如图 4-34 所示。

图 4-34 实例效果图

2. 操作步骤

1）打开光盘"素材"\"第 4 章"\"绿叶.jpg"图片。

2）单击图层面板旁的"通道"标签，进入通道面板。此时通道面板中有 4 个通道，通道面板如图 4-35 所示。

3）单击通道面板下方的"创建新通道"按钮 ，此时在通道面板中出现一个名称为 Alpha1 的新通道，整个文档工作区被黑色覆盖。

4）选择"自定义形状"工具 ，如图 4-36 所示，在"追加"进来的形状中选择一种"叶子"形状。

图 4-35 通道面板

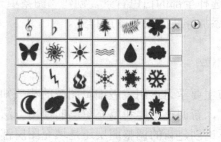

图 4-36 选择叶子形状

5）将前景色设置为白色，在上方的工具属性栏中单击"填充像素"按钮 □ ，设置形状的绘制形式为填充像素形式。在新建的 Alpha1 通道中绘制白色的树叶形状，在通道面板中，用鼠标将 Alpha1 通道拖拽到通道面板下方的"创建新通道"按钮 □ 上释放，复制一个名称为 Alpha1 副本的新通道，此时，文档窗口及通道面板如图 4-37 所示。

图 4-37　文档窗口及通道面板

6）按住<Ctrl>键，单击 Alpha 1 副本，调出选区。选择"渐变"工具 ■ ，设置"径向渐变" ■ 形式，填充选区。

7）取消选择，再次按住<Ctrl>键单击 Alpha 1 副本通道，调出新的选区，此时我们发现新选区与以前所做的选区不同，此时的文档画面效果及通道面板如图 4-38 所示。

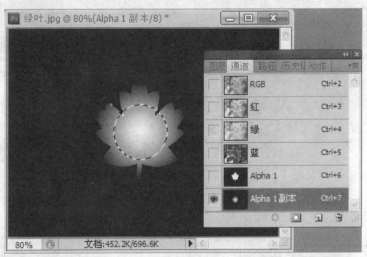

图 4-38　文档画面及通道面板

8）单击 RGB 通道，回到图层面板。设置前景色为桔红色，新建图层 1，按<Alt+Delete>组合键填充选区。画面效果与图层面板如图 4-39 所示。

127

图 4-39　画面效果及图层面板

9）新建图层 2，填充白色。

10）双击背景层，使其变为图层 0，将图层 2 拖拽到图层 0 的下方。

11）选择图层 0，单击图层面板下方的"添加图层蒙版"按钮 ▣，为其添加"蒙版"并以径向渐变形式填充蒙版。在图层 0 中选择"图层缩略图"，执行"滤镜"→"扭曲"→"水波"命令，画面效果及图层面板如图 4-40 所示。

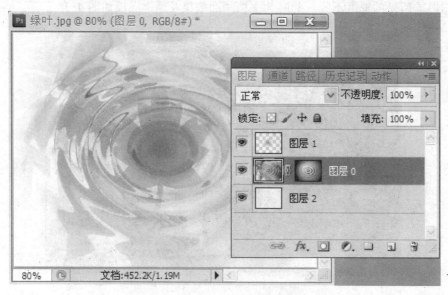

图 4-40　画面效果及图层面板

12）进入通道面板，按住<Ctrl>键，单击 Alpha 1 通道，调出选区。回到图层面板，设置前景色为橘红色，执行"编辑"→"描边"命令，描边宽度为 1，位置居中。画面效果及通道面板如图 4-41 所示。

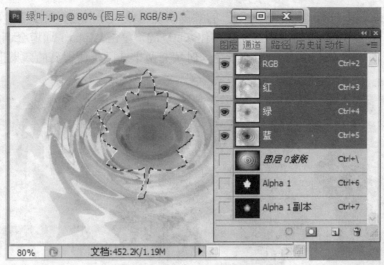

图 4-41　画面效果及通道面板

13）复制"图层 1"为"图层 1 副本"，将"图层 1"移动一定的位置，链接"图层 1 与图层 1 副本"并将两个树叶移动到文档下方。保存文件，完成操作设置。

3．知识点讲解

通道的种类　在 Photoshop 中有 3 种通道，一是存储选择范围和蒙版的 Alpha 通道，进行图像混合、选区等操作；二是存储图像有关色彩信息的色彩通道；三是存储特殊色彩信息的专色通道。

（1）选区通道　在 Photoshop 的通道中，有一个很重要的功能就是对选区储存、运算和合理的调用。

在通道面板中，新建的通道的默认名称为 Alpha 1，默认的颜色为黑色，这种默认的颜色可以改变。选择 Alpha 1 通道，单击通道面板右上角的小三角按钮，选择"通道选项"打开"通道选项"对话框，如果选择色彩指示项中的"所选区域"项，则整个通道会被白色所覆盖，在这里我们也可以将通道设为"专色"通道。"通道选项"对话框如图 4-42 所示。

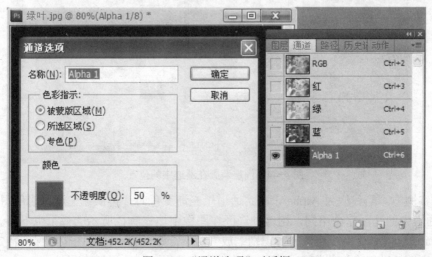

图 4-42　"通道选项"对话框

在 Alpha 通道中只有"黑、白和灰"的颜色即非彩色，分别选择硬度为"0"和"100"的画笔，用白色在 Alpha 1 通道中描绘，按住<Ctrl>键，单击 Alpha 1 通道会调出两种效果完全不同的选区，如图 4-43 所示。用前景色同时填充两个选区，所得到的效果也不相同。

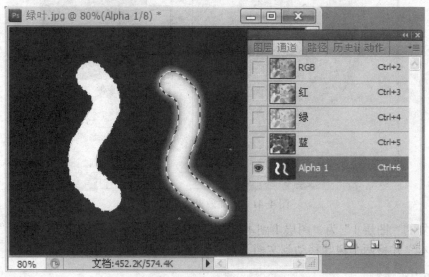

图 4-43　使用两种画笔在通道中描绘得到的选区

如果我们在图层面板中为图像添加一个蒙版，在通道面板里，就会自动生成一个与图层蒙版内容相同的新通道，这里我们看到 Alpha 通道的储存图像和色彩的方法与蒙版很相似，所以我们也可以将这种储存图像与选区的通道称为"蒙版通道"。图层蒙版在通道中的位置如图 4-44 所示。

图 4-44　图层蒙版在通道中的位置

在本实例中，当我们为 Alpha 1 副本通道填充渐变色时，再次调出选区时所得的选区与 Alpha 1 通道中的选区完全不同，用这种选区在图像中填充颜色所示的效果也不同。

Alpha 通道同时可以配合"内容识别缩放"功能。如果要在缩放图像时保留特定的区域，则内容识别缩放功能允许我们在调整大小的过程中使用 Alpha 通道来保护内容。

　　Alpha 通道可以任意地储存选区、图像，也可以进行通道、选区之间的混合运算。这些内容将在以后的实例训练中逐步讲解。

　　（2）色彩通道　色彩通道是基于图像的色彩模式。如图 4-45 所示，一幅 RGB 三原色图有 3 个默认通道：R 红、G 绿、B 蓝。一幅 CMYK 图像，就有 4 个默认通道：C 青、M 洋红、Y 黄、K 黑。每一个通道其实就是一幅图像中的某一种颜色，也就是我们所说的单色通道。单击任何一种颜色的通道，图像的颜色都会发生变化，只有回到复合的 RGB 或 CMYK 通道，图像才会以正常的彩色显示。

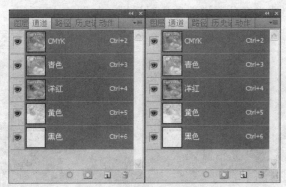

图 4-45　RGB 图像的通道与 CMYK 图像的通道

　　每一个色彩通道在储存色彩的同时也可以储存不同的选区，按住<Ctrl>键，单击某一通道就会调出该通道色彩的选区，以此种方式单击其他选区，我们会发现每一种通道的选区都不同。利用这种方法，可以轻松地调用出一副图像中的任何颜色的选区。

　　（3）专色通道　专色通道主要用于需要印刷的 Photoshop 图像。印刷品的颜色模式是 CMYK 模式，而专色是一系列特殊的预混油墨，用来替代或补充 CMYK 中的油墨色，以便更好地体现图像效果。专色可以局部使用，也可以作为一种色调应用于整个图像中。

　　在整个图像中使用专色的方法是，先将图像模式转为双色调模式。执行"图像"→"模式"→"灰度"命令，将图像转换为灰度模式，再执行"图像"→"模式"→"双色调"命令，这样就将图像的模式转换为双色调模式。将图像转换为双色调模式的同时打开"双色调选项"对话框，如图 4-46 所示。

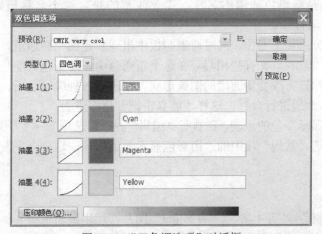

图 4-46　"双色调选项"对话框

1）在"预设"下拉列表中可选择系统提供的多种颜色系列。

2）在"类型"下拉列表中选择要使用的专色通道数目，最多可以建立 4 种专色。

3）在"油墨"斜线的灰色框内单击，编辑图像的色调。

4）在"油墨"颜色块内单击，可以选择专色。

这样我们将图像转换为双色模式，同时应用专色。

在图像中局部使用专色的方法是，为图像添加专色通道。首先为需要添加专色部分的图像建立选区，选择"通道"面板，单击其右上方的小三角按钮，从弹出的快捷菜单中选择"新建专色通道"命令，出现"专色通道选项"对话框，如图 4-47 所示。

图 4-47 "专色通道选项"对话框及画面效果

在"密度"中输入数值，可设定特别专色的预览不透明度。单击"油墨特性"中的颜色框，在打开的对话框中单击"颜色库"按钮，在打开的"颜色库"对话框中选择一种颜色，按"确定"按钮后回到"新建专色通道"对话框，在"名称"中出现刚刚选择的颜色的名称，这也是新单色通道的名称。需要注意的是，这个名称最好用英文，否则文件可能无法正确读取打印。

图像的选区部分添加了专色，同时通道面板中出现新建的空白通道。这个新通道的工作方法与前面学过的"蒙版"又有些相似。在这个新通道中，前景色只能是黑、白、灰色，用绘画工具在通道中涂抹将改变新通道的图像形状。在进行各种编辑之后，要把这个特别色和其他 CMYK 的 4 个通道进行合并，这样才能真正把专色溶进去。

要想在通道中显示专色的原貌，需执行"编辑"→"首选项"→"界面"命令，打开"首选项"对话框，勾选"常规"项中的"用彩色显示通道"项，这样会在灰色模式图像内出现彩色。

4．课后练习

打开光盘"素材"\"第 4 章"\"背影.jpg"图片，运用编辑通道和"内容识别比例"的方法改变图像的大小及比例而不影响图中人物，效果如图 4-48 所示。

图 4-48　课后练习效果图

解题思路

1）双击背景层，将其变为普通图层。运用套锁工具，制作全部人物的选区。

2）进入通道面板，单击面板下方的"将选区存储为通道"按钮，生成 Alpha 1。

3）选择工具，将文档扩大，比例不等，使图像周围出现大面积的空白区域。

4）执行"编辑"→"内容识别比例"命令，在工具属性栏的"保护"下拉列表中选择 Alpha 1 通道。沿控制点调整图像大小，使图像充满文档，此时图像被放大并改变了比例，而图像中人物的大小及比例未受影响。

5）按<Enter>键，保存图片。

4.2.2　实例二　春华秋实

1. 本实例需掌握的知识点

1）运用通道对颜色的储存功能制作选区。

2）运用通道对图像的储存功能进行通道运算。

3）运用通道对选区的储存功能进行通道运算。

实例效果如图 4-49 所示。

图 4-49　实例效果图

2. 操作步骤

1）打开光盘"素材"\"第4章"\"绿.jpg"图片。

2）进入通道面板，按住<Ctrl>键，单击绿色通道，调出该通道的选区。

3）回到图层面板，按<Ctrl+C>组合键复制背景层中的选区，按<Ctrl+V>组合键粘贴图像，同时生成新的图层"图层1"。

4）新建"图层2"置于"图层1"下，选择"渐变填充"工具 ，设置 径向渐变形式。在"渐变编辑器"中选择 透明蜡笔渐变，在"图层2"中填充渐变色。

5）选择"图层1"，执行"图像"→"调整"→"变化"命令，在"加深绿色"和"加深蓝色"的选项上单击，将树叶的颜色变得更绿。

6）选择"背景层"，执行"图像"→"调整"→"亮度/对比度"命令，将亮度值调整为-100。此时背景层上的图像变得较暗，图层1中的绿叶则变得突出。

7）选择通道面板，单击通道面板下方的 按钮，创建新通道Alpha 1。

8）选择工具箱中的文字蒙版工具 ，设置字体为Bauhaus 93，字号为120，在Alpha 1中输入文字"Photoshop"并用白色填充选区。

9）取消选区，执行"滤镜"→"模糊"→"高斯模糊"命令，半径值为2。再执行"滤镜"→"风格化"→"浮雕效果"命令，角度-145，高度8，数量80。此时画面效果及通道如图4-50所示。

图4-50 使用滤镜后的通道面板及画面效果

10）复制Alpha 1为Alpha 1副本，执行"图像"→"调整"→"反相"命令。

11）选择Alpha 1副本通道，执行"图像"→"调整"→"色阶"命令，在"色阶"对话框中用黑色滴管工具，在文字以外的区域单击，设置黑场。

12）选择Alpha 1通道，重复步骤11）的操作，在文字区域单击，设置黑场。

13）回到RGB复合通道，载入Alpha 1通道的选区。此时画面效果及通道如图4-51所示。

14）选择图层面板，合并所有图层为背景层，执行"图像"→"调整"→"亮度/对比度"命令，亮度值为-100，使选区变暗。

15）载入Alpha 1副本通道的选区，执行"图像"→"调整"→"亮度/对比度"命令，亮度值为100，使选区变亮。取消选择，此时画面中出现浮雕文字效果。保存文字，命名为"4.2.2.psd"。

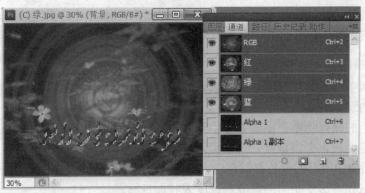

图 4-51 画面效果及通道面板

16）打开光盘"素材"\"第 4 章"\"树叶.jpg"图片。

17）选择 🖐 工具，制作红色树叶的选区，将红色树叶复制到文件 4.2.2.psd 中。

18）按<Ctrl+T>组合键，将红色树叶水平翻转并缩小。

19）载入图层 1 中红色树叶的选区，执行"选择"→"修改"→"收缩"命令，收缩量为 25。执行"选择"→"储存选区"命令，打开"储存选区"命令对话框，在"名称"栏中输入 a，单击"确定"按钮。此时通道面板中出现一个名称为 a 的新通道，画面效果和通道面板如图 4-52 所示。

图 4-52 画面效果及通道面板

20）再次载入图层 1 的选区，执行"选择"→"载入选区"命令，打开"载入选区"对话框，从选区中减去通道 a 中的选区，得到树叶边缘的选区。"载入选区"对话框的设置如图 4-53 所示。

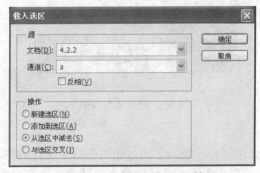

图 4-53 设置载入选区对话框

135

21）复制红叶边缘的图像至"图层 2"，将"图层 1"中红叶的图像缩小。

22）将图层 1 与图层 2 合并，并执行外发光效果，最后得到前面如图 4-49 所示的效果。

3. 知识点讲解

通过本实例主要了解并掌握通道对颜色的储存功能、通道对图像的储存功能和通道所储存的选区之间的运算。

通道对颜色的储存功能在图像处理中经常用到。本实例中若要复制绿色的叶子到新图层中，则进入通道面板，会发现红、绿、蓝通道中所储存图像的选区各不相同。按<Ctrl>键单击绿色通道，图像中所有的绿色都被选中，将这一选区中的图像复制到新图层中，仔细观察，我们发现，用这种方法复制的图像颜色过度柔和而自然。

运用此种方法还可以制作常见的彩虹效果，如果 4-54 所示。制作方法是：新建图层，调出红色通道中的选区，选择"罗素彩虹"渐变填充新图层。

通道对图像的储存方法是，在通道中编辑图像，或将图像复制到通道中。本实例中我们选择在通道中编辑文字图像的方法，运用文字暗部与亮部的颜色调用选区，调整图层中图像的颜色来形成一种浮雕效果。

通道之间的运算解决的是选区的问题。在图像处理中往往会遇到这样的问题，想得到一个选区，用选择工具很难实现，这时我们就可以利用通道之间的计算来完成。在 Photoshop 中对选区的储存，实际上就是在通道中建立了一个新的通道，新通道中的图像形状就是选区的形状，然后再用另一个选区与通道中的选区进行相加、相减或交叉的运算，从而得到一个新的选区。

图 4-54　彩虹效果

4. 课后练习

打开光盘"素材"\"第 4 章"\"西藏风情.jpg"图片，运用通道的运算完成如图 4-55 所示的效果。

图 4-55　课后练习效果图

解题思路

1）增大画布，使图像边缘有一定的空间，让图像居于文件的中心位置。

2）新建通道 Alpha 1，制作选区，选区要略小于图像，填充白色。

3）取消选择，选择"喷溅"滤镜，调出 Alpha 1 的选区，回到图层面板。

4）新建图层，反选，填充图案，添加浮雕效果。

5）新建通道 Alpha 2，制作文字，对文字作"凸出"滤镜和"浮雕"滤镜。

6）运用本例中的方法制作出浮雕效果的文字，调整文字暗部的颜色。

4.2.3　实例三　木板画

1．本实例需掌握的知识点

1）通道对图像的储存功能。

2）运用"光照效果"滤镜应用通道。

实例效果如图 4-56 所示。

图 4-56　实例效果图

2．操作步骤

1）新建文件 400×320 像素，RGB 模式，白色背景，保存为"4.2.3.pds"。

2）执行"滤镜"→"杂色"→"添加杂色"命令，数量 56、高斯分布、单色。

3）执行"滤镜"→"模糊"→"动感模糊"命令，角度为 0，距离值为 45。

4）执行"图像"→"调整"→"色相/饱和度"命令，勾选"颜色"选项，并调整一种木纹的颜色。此时的画面效果如图 4-57 所示。

图 4-57　木纹效果

5）执行"滤镜"→"扭曲"→"旋转扭曲"命令，为木纹增加一定的扭曲纹理。

137

6）打开光盘"素材"\"第 4 章"\"木板画.jpg"图片。

7）按<Ctrl+A>组合键进行全选，按<Ctrl+C>组合键进行复制操作。

8）选择前面制作的"4.2.3.psd"木纹纹理文件，新建 Alpha 1 通道，按<Ctrl+V>组合键将复制的图像粘贴到新通道中。

9）按<Ctrl+T>组合键调整通道中的图像大小，并将图像置于画面中心，效果如图 4-58 所示。

图 4-58　画面效果及通道面板

10）取消选择，回到 RGB 通道，执行"滤镜"→"渲染"→"光照效果"命令，打开"光照效果"对话框，在纹理通道项中选择 Alpha 1，调整光源方向，设置结果如图 4-59 所示。

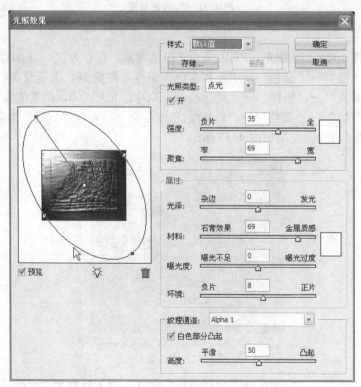

图 4-59　"光照效果"对话框的设置

11）再次执行"图像"→"调整"→"色相/饱和度"命令，调整木板画的颜色，完成设置。

3．知识点讲解

通道可以储存颜色、选区和图像，在实例 4.2.1 和 4.2.2 中我们了解了运用通道对颜色、图像和选区的储存功能来制作选区、复制图像等方法，本节将学习如何运用通道储存图像的方法编辑图像。

在新建的 Alpha 通道中无彩色，当把图像粘贴到 Alpha 通道中时，该图像变为灰色图像，以黑、白、灰的形式显示。这次我们不再调整通道中的选区，而是要将通道中的图像在图层中完全显示出来。

要在图层中显示通道中储存的图像，就要通过光照效果滤镜来实现。在光照效果滤镜对话框中，单击纹理通道旁的小拉框，可以从中选择通道，选择纹理通道的位置如图 4-60 所示。

此时通道中所储存的图像的纹理就会在图层中显示出来，由于通道中图像的像素之间的差别，在图层中显示出来的图像就会自然地形成一种高低不同的浮雕效果。运用这种方法，我们可以轻松地合并两副图像，并得到比较特别的效果，如图 4-61 所示就是将两副风景图片合并到一起的效果。

图 4-60　选择纹理通道

图 4-61　使用通道合并两幅图像

4．课后练习

打开光盘"素材"\"第 4 章"\"布达拉宫.jpg"、"西藏风情.jpg"和"西藏文字.jpg"图片，运用本课所学知识完成如图 4-62 所示的效果。

图 4-62　课后练习效果图

解题思路

1）在西藏风情文件中建新通道 Alpha 1，将布达拉宫图片复制到通道中，运用光照滤镜在背景层中将布达拉宫的图像显示。

2）新建图层 1，将布达拉宫图片复制到新图层 1 中，与光照效果的布达拉宫对齐，设置图层的混合模式为"叠加"。

3）新建 Alpha 2 通道，复制西藏文字图片至 Alpha 2 通道中，并将其复制为 Alpha 2 副本通道。

4）对 Alpha 2 通道扩展选区，并执行高斯模糊命令。将 Alpha 2 通道的文字图像复制到新文件中，保存为 PSD 格式文件。

5）选择西藏风情文件，选择背景层，执行玻璃滤镜。在玻璃滤镜中载入保存的西藏文字的 PSD 格式纹理。

6）回到图层面板，新建图层 2，填充白色。调出 Alpha 2 的选区，执行光照滤镜，纹理通道为 Alpha 2 通道，图层的混合模式为叠加。

7）调出 Alpha 2 副本的选区，反选，删除多余的白色图像，完成设置。通道面板和图层面板如图 4-63 所示。

a)   b)

图 4-63   通道面板与图层面板的效果

a）通道面板   b）图层面板

4.2.4   小结

本节主要学习运用通道编辑图像的相关知识，了解通道的种类，重点掌握通道与选区、色彩之间的关系、多个通道之间的组合运算的方法，运用选区通道、色彩通道编辑图像，以及通道使用的相关技巧。

4.3   Adobe Photoshop CS5 的动作使用

4.3.1   实例一   使用动作

1. 本实例需掌握的知识点

1）认识动作面板。

2）使用动作面板。

实例效果如图 4-64 所示。

图 4-64　实例效果图

2．操作步骤

1）打开光盘"素材"\"第 4 章"\"消失点.pds"文件。

2）单击"动作"面板标签，进入动作面板。单击动作面板右上角的 小三角按钮，如图 4-65 所示，从弹出的快捷菜单中选择"画框"选项，画框动作组加入到动作面板中，此时的动作面板如图 4-66 所示。

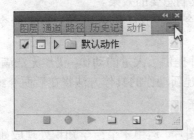

图 4-65　单击动作面板上的小三角按钮

图 4-66　画框动作组加入到动作面板

3）单击动作面板中"画框"动作前边的小三角，展开动作面板。选择"照片卡角"动作，单击动作面板下方的 "播放"按钮，执行画框动作得到图 4-64 所示效果。此时的动作面板及播放动作按钮的位置如图 4-67 所示。

图 4-67　动作面板及播放动作按钮

3．知识点讲解

Photoshop 中的"动作"是为了提高工作效率。在实际工作中，我们往往会遇到这样的问题，经常要处理一些同样效果、同样颜色或是尺寸同样大小的一批图片。当我们一次次重复同样的操作时会感到很麻烦，也很浪费时间。这时的动作面板可以帮助我们快速解决这一问题，我们只需单击鼠标就可以一次性地完成一系列的操作。

（1）认识动作面板　所谓的"动作"就是播放单个文件或一批文件的一系列命令。动作面板如图 4-68 所示。

图 4-68　动作面板介绍

A. 动作组　B. 动作　C. 已记录的动作　D. 切换项目开关　E. 切换对话开关

F. 停止播放/记录　G. 开始记录　H. 播放选定的动作

I. 创建新组　J. 创建新动作　K. 删除动作

我们可以使用已有的动作，也可以录制新的动作。

（2）使用动作　在 Photoshop CS5 中储存了很多动作，单击动作面板右上角的 ⊙ 按钮，从弹出的动作菜单中选择动作组，可以将其加载到动作面板中。选择一个动作，单击动作面板下方的"播放"按钮 ▶，执行动作就可以得到我们想要的效果。

展开动作，可以看到形成该动作的每一个命令，播放动作可以看到每个命令被逐一执行。

（3）创建动作　在工作中我们会发现，尽管软件提供了大量的动作，仍然无法满足需要。这时就需要创建一些新的动作来提高工作效率。创建新动作的具体方法将在后面介绍。

4．课后练习

打开光盘"素材"\"第 4 章"\"PUZ0355.jpg"图片。运用本节所学知识处理成如图 4-69 所示的效果。

图 4-69　课后练习效果图

解题思路

在动作面板中载入"图像效果"动作组，选择其中的"暴风雪"效果执行动作。

4.3.2　实例二　录制动作

1. 本实例需掌握的知识点

1）创建新动作。

2）录制新动作。

实例效果如图 4-70 所示。

图 4-70　实例效果图

2. 操作步骤

1）新建文件 300×170 像素，72 分辨率，RGB 格式。

2）进入动作面板，单击动作面板下方的"创建新组"按钮 □，打开"创建新组"对话框，默认新组名称为"组 1"，单击"确定"按钮。此时，新创建的动作组加入到动作面板中。

3）单击动作面板下方的"创建新动作"按钮 □，打开"新建动作"对话框，在"名称"栏中默认名称为"动作 1"，在"组"栏中选择"组 1"，单击"记录"按钮。新建的动作被加入到动作面板的"组 1"中，同时动作面板下方的"开始记录"按钮呈红色显示。新建动作对话框及动作面板如图 4-71 和图 4-72 所示。

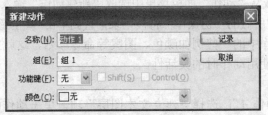

图 4-71　"新建动作"对话框

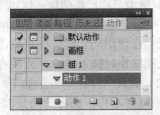

图 4-72　动作面板开始记录

4）进入"图层"面板，选择文字工具 T，输入"图形图像"文字，字号 72，字体任选。

5）单击图层面板下方的"添加图层样式"按钮 *fx*，打开"图层样式"对话框，分别设置"投影、斜面和浮雕、渐变叠加、图案叠加"效果，图层样式对话框如图 4-73 所示。

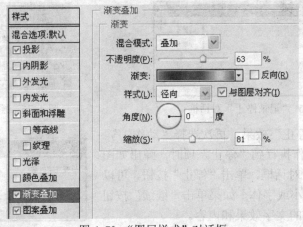

图 4-73　"图层样式"对话框

6）回到动作面板，单击面板下方的"停止播放/记录"按钮 ■，结束动作的录制。展开动作，我们可以看到，在单击"创建新动作"按钮 □ 后所做的操作都被记录在动作面板中，直到单击"停止"按钮 ■ 为止。此时的动作面板如图 4-74 所示。

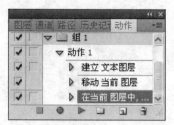

图 4-74　录制完成的动作面板

7）检查录制的动作是否成功。在动作面板中选择"动作 1"并单击 ▶ 按钮，图层面板中会生成一个新的文字层，与上一图层的文字效果完全相同，说明动作录制成功。

3．知识点讲解

在动作面板的学习中，录制动作是必须掌握的知识。

（1）创建新动作　方法如下

1）打开文件，确定新动作的开始位置。

2）在"动作"面板中，单击"动作"面板下方的"创建新组"按钮 ▭ ，输入新建组名称。

3）单击"创建新动作"按钮 ▫ ，或从"动作"面板菜单中选取"新建动作"输入动作的名称，单击"记录"，此时在 Photoshop 中所做的一切操作都将被记录，直到单击 ■ 按钮为止。

我们在使用动作时，往往要改变动作中的一些例如颜色、图案等命令参数，这就需要我们在录制动作时插入停止，方便在以后使用动作时的灵活性。

（2）插入"停止"方法如下

1）展开动作，选择前面录制的"动作 1"，选择"建立文本图层"项，单击动作面板右上角的 ▤ 按钮，从弹出的快捷菜单中选择"插入停止"项，打开"记录停止"对话框。

2）在信息栏中可以输入要停止的信息，勾选下方的"允许继续"项，以便在使用动作时可以使"停止"下来的动作继续。单击"确定"按钮可以看到"停止"被插入动作中。"记录停止"对话框和此时的动作面板如图 4-75、图 4-76 所示。

图 4-75　"记录停止"对话框

图 4-76　插入停止

3）检查"插入停止"效果，再次选择"动作 1"，单击 ▶ 按钮，当动作执行到"停止"项时，弹出如图 4-77 所示的"信息"对话框，单击"停止"按钮，可以改变文字的内容、大小或字体，如果单击"继续"按钮将执行动作原本记录的文字效果和内容。

图 4-77　"信息"的对话框

当记录"存储为"命令时，不需更改文件名。如果输入了新的文件名，Photoshop 将记录此文件名并在每次运行该动作时都使用此文件名。在存储之前，如果浏览到另一个文件夹，可以指定另一位置而不必指定文件名。

（3）修改动作　对于录制好的动作也可以进行修改，方法是：展开动作，选择要继续录

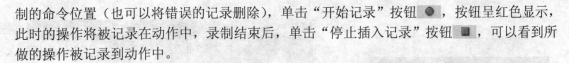
制的命令位置（也可以将错误的记录删除），单击"开始记录"按钮 ●，按钮呈红色显示，此时的操作将被记录在动作中，录制结束后，单击"停止插入记录"按钮 ■，可以看到所做的操作被记录到动作中。

4．课后练习

打开光盘中的"素材"\\"第 4 章"\\"湖（16 位）．tif"图片，运用本课所学知识，录制动作，画面的效果如图 4-78 所示。

解题思路

1）定义透明背景的黑色条形图案。

2）新建动作并录制。

3）新建图层，填充图案，调整图案颜色，设置图层混合模式。

4）结束录制，完成设置。

图 4-78　课后练习效果图

4.3.3　实例三　批处理

1．本实例需掌握的知识点

1）创建新动作。

2）录制新动作。

3）批处理命令。

2．操作步骤

1）打开图片文件夹中任意的一张图片。

2）单击"创建新动作"按钮 □，打开"新建动作"对话框，在名称栏中输入"批处理"，在组栏中选择在实例 4.3.2 中创建的"组 1"，单击"记录"按钮，开始记录。新建动作对话框的设置及开始记录时的动作面板如图 4-79、图 4-80 所示。

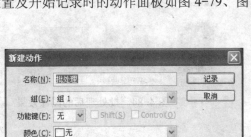

图 4-79　"新建动作"对话框的设置

图 4-80　开始记录

3）执行"图像"→"图像大小"命令，按比例将图像相应缩小。

4）在动作面板中，展开"画框"组，选择"木质画框—50 像素"动作，此时的动作面板如图 4-81 所示。

5）单击 ▶ 按钮，执行"木质画框—50 像素"动作，会出现"信息"对话框，单击"继续"按钮，得到一个画框效果的图片。画面效果和动作面板如图 4-82 所示。

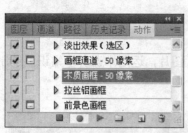

图 4-81 选择动作

图 4-82 画面效果和动作面板

6）单击"播放停止/记录"按钮 ■ ，新动作的录制结束。

7）执行"文件"→"自动"→"批处理"命令，打开"批处理"对话框，在"播放"栏中选择"组 1"，动作栏中选择"批处理"。在"源"栏中选择"文件夹"项，单击"选取"按钮，选择一个图片文件夹。在"目标"栏中选择"文件夹"项，单击"选择"按钮，选择一个空的文件夹。"文件命名"栏中的内容默认。"批处理"对话框的设置如图 4-83 所示。

8）单击"确定"按钮执行"批处理"命令，"源"文件夹中的每个图片都被处理。打开"目标"文件夹，看到"源"文件夹中的每张图片都被缩小，并加了一个木质的画械，如图4-84 所示。

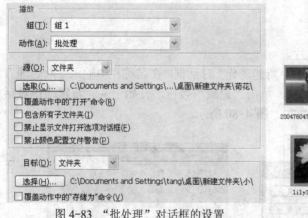

图 4-83 "批处理"对话框的设置

图 4-84 批处理后的图像效果

3．知识点讲解

当我们在工作时经常会遇到这样的问题，要将一批图片处理成同样的效果，这就需要使用"批处理"命令来完成。"批处理"命令可以对一个文件夹中的图像文件执行动作。

具体使用方法：

1）执行"文件"→"自动"→"批处理"命令，打开"批处理"对话框。

2）在"组"和"动作"中，指定要用来处理文件的动作。菜单会显示"动作"面板中可用的动作。如果未显示所需的动作，可能需要选取另一组或在面板中载入组。

3）从"源"栏中选取要处理的文件。

①"文件夹"处理指定文件夹中的文件。单击"选取"按钮可以查找并选择文件夹。

②"导入"处理来自数码相机、扫描仪或 PDF 文档的图像。

③"打开的文件"处理所有打开的文件。

④"Bridge"处理 Adobe Bridge 中选定的文件。如果未选择任何文件，则处理当前 Bridge 文件夹中的文件。

4）设置处理选项。

①"覆盖动作中的'打开'命令"覆盖引用特定文件名（而非批处理的文件）的动作中的"打开"命令。如果记录的动作是在打开的文件上操作的，或者动作包含它所需的特定文件的"打开"命令，则取消选择"覆盖动作中的'打开'命令"。如果选择此选项，则动作必须包含一个"打开"命令，否则源文件将不会打开。

②"包含所有子文件夹"处理指定文件夹的子目录中的文件。

③"禁止颜色配置文件警告"关闭颜色方案信息的显示。

④"禁止显示文件打开选项对话框"隐藏"文件打开选项"对话框。当对相机原始图像文件的动作进行批处理时，这是很有用的。将使用默认设置或以前指定的设置。

5）从"目标"栏中选取处理后文件存放的位置。

①"无"使文件保持打开而不存储更改（除非动作包括"存储"命令）。

②"存储并关闭"将文件存储在它们的当前位置，并覆盖原来的文件。

③"文件夹"将处理过的文件存储到另一位置。单击"选取"可指定目标文件夹。

6）如果动作中包含"存储为"命令，则选取"覆盖动作中的'存储为'命令"，确保将文件存储在指定的文件夹中（如果选取"存储并关闭"，则存储在它们的原始文件夹中。）要使用此选项，动作必须包含"存储为"命令，无论它是否指定存储位置或文件名；否则，将不存储任何文件。

某些"存储"选项（如 JPEG 压缩或 TIFF 选项）在"批处理"命令中不可用。要使用这些选项，可在动作中记录它们，然后使用"覆盖动作中的'存储为'命令"选项，确保将文件存储在"批处理"命令中指定的位置。

如果记录的操作以指定的文件名和文件夹进行存储，并取消选择了"覆盖动作中的'存储为'命令"，则每次都会覆盖同一文件。如果已经在动作中记录了"存储为"步骤，但没有指定文件名，则"批处理"命令每次都将其存储到同一文件夹中，但使用正在存储的文档的文件名。

7）如果选取"文件夹"作为目标，则指定文件命名约定并选择处理文件的文件兼容性选项。

对于"文件命名"，从弹出式菜单中选择元素，或在要组合为所有文件的默认名称的字段中输入文本。可以通过这些字段，更改文件名各部分的顺序和格式。每个文件必须至少有一个唯一的字段（例如，文件名、序列号或连续字母）以防文件相互覆盖。起始序列号为所有序列号字段指定起始序列号。第一个文件的连续字母字段总是从字母"A"开始。

对于"文件名兼容性"，可选取"Windows"、"Mac OS"和"UNIX"，使文件名与 Windows、Mac OS 和 UNIX 操作系统兼容。

使用"批处理"命令选项存储文件时，通常会用与原文件相同的格式存储文件。要创建以新格式存储文件的批处理，可记录其后面跟有"关闭"命令作为部分原动作的"存储为"命令。然后，在设置批处理时为"目标"选取"覆盖动作中的'存储在'命令"。

4．课后练习

选择多幅图片，运用批处理命令将其缩小，并在每一张图片上输入"小图标"文字。处理完成的图片以两位序号为文件名保存，效果如图 4-85 所示。

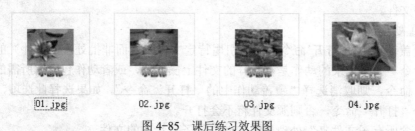

01.jpg　　　　　　02.jpg　　　　　　03.jpg　　　　　　04.jpg

图 4-85　课后练习效果图

解题思路

1）打开素材图片，新建动作。

2）执行"图像大小"命令，缩小图片。执行"画布"大小命令，在画像的下方增加画布。

3）输入文字"小图标"，设置字体和效果。将图片另存为 JPG 格式的文件。

4）结束动作的录制。

5）执行"批处理"命令，勾选"覆盖动作中的'存储为'命令"选项。

6）在"文件命名"栏中选择"2 位数序号"、"扩展名小写"选项。

4.3.4　小结

"动作"是 Photoshop 中非常重要的一个功能，它可以详细记录处理图像的全过程，并将这一记录储存为命令，应用于其他图像中。批处理则可以对大量的图片执行同一"动作"并一次性处理相同效果的图像，使繁琐的工作变得简单、快捷。

本 章 总 结

本章我们学习了蒙版、通道及动作的使用。在蒙版的学习中主要掌握蒙版与选区、图像及新调整图层之间的关系。在通道的学习中要理解并巧妙地运用通道与选区、色彩之间的关系，多个通道之间的组合运算方法。在动作的学习中重点掌握录制动作的方法及批处理的使用。蒙版与通道的学习是本章的重点内容，在学习中要深入地理解蒙版与通道的概念及变化，合理、巧妙地运用它们制作特殊效果。

第 5 章　Adobe Photoshop CS5 滤镜

学 习 目 标

1）了解常用滤镜的使用方法及使用效果。

2）掌握各种滤镜的特点并熟练应用。

3）学会利用 Photoshop 的滤镜功能对图像进行修饰，以增强图像的艺术效果。

4）掌握多种滤镜的综合使用技巧。

5）学会外挂滤镜的安装和使用方法。

5.1　实例一　棒棒糖

1．本实例需掌握的知识点

1）为图层添加滤镜。

2）滤镜的简单组合。

实例效果如图 5-1 所示。

图 5-1　实例效果图

2．操作步骤

1）新建文件 400×400 像素。新建"图层 1"并填充白色。

2）选择渐变编辑器，在渐变编辑器里将渐变类型改为"杂色"，调整粗糙度和颜色模型参数，选一种自己喜欢的糖果颜色。设置参数如图 5-2 所示，效果如图 5-3 所示。

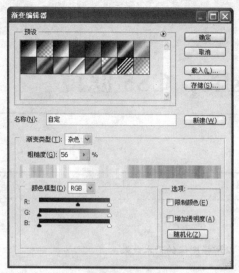

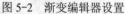

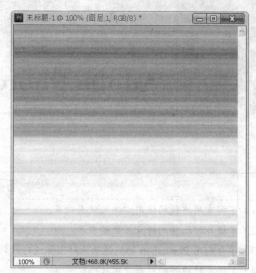

图 5-2 渐变编辑器设置   图 5-3 使用渐变填充后的效果

3）执行"滤镜"→"扭曲"→"旋转扭曲"命令，得到如图 5-4 所示的效果。

4）按<Ctrl+T>组合键将原本为椭圆形的涡旋调整的接近正圆形。

5）选择工具箱中的○工具，按住<Shift>键画出一个正圆，选取一部分涡旋图案。

6）按<Ctrl+J>组合键复制选区为新的图层，得到如图 5-5 所示的效果。

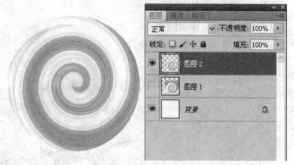

图 5-4 旋转扭曲后的效果   图 5-5 复制后的效果

7）在图层面板单击"图层 2"调出其图层样式，勾选内阴影，不透明度为 14%，角度为 97，距离为 10，阻塞为 0，大小为 5，其余默认。

8）勾选斜面和浮雕，大小为 2，角度为 97，高度为 30，高光模式不透明度为 0，暗调模式的不透明度为 75%，其余默认。

9）设置前景色为粉色，背景色为白色，新建图层并填充背景色，执行"滤镜"→"素描"→"半调图案"命令，参数如图 5-6 所示。

10）选择矩形选框工具▢，画出一个长矩形，如图 5-7 所示。

11）按<Ctrl+J>组合键将选区复制出来，命名为"杆儿"，执行"编辑"→"变换"→"斜切"命令，使"杆儿"有螺旋的效果后置于"图层 2"之下，在"图层 2"上单击鼠标右键，在弹出的快捷菜单中选择"拷贝图层样式"，在"杆儿"图层上单击鼠标右键，在弹出的快捷菜单中选择"粘贴图层样式"，"杆儿"也有了立体感，将"图层 2"重命名为"糖果"，再配上漂亮的蝴蝶结，效果如图 5-8 所示。

图 5-6　半调图案参数设置

图 5-7　执行半调图案并画长矩形后的效果

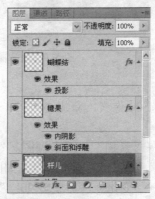

图 5-8　粘贴图层样式后的效果

12）将图层合并，添加上投影效果，棒棒糖就做好了，效果如图 5-1 所示。

3．知识点讲解

（1）了解滤镜　滤镜主要是用来实现图像的各种特殊效果。它在 Photoshop 中具有非常神奇的作用。所有的 Photoshop 滤镜命令都按分类放置在滤镜菜单中，使用时只需要从该菜单中执行命令即可。滤镜的操作是非常简单的，但是真正用起来却很难恰到好处。滤镜通常需要与通道、图层等联合使用，才能取得最佳艺术效果。如果想在最适当的时候应用滤镜到最适当的位置，就要求用户对滤镜非常熟悉并且对滤镜有很好的操控能力，甚至需要用户具有很丰富的想象力。这样，才能有的放矢地应用滤镜。滤镜的功能强大，用户需要在不断的实践中积累经验，才能使应用滤镜的水平达到炉火纯青的境界，从而创作出具有迷幻色彩的艺术作品。

（2）两种类型滤镜的特点

1）扭曲滤镜组：扭曲滤镜下的命令多与扭曲效果有关，通过它们中的一种或几种组合应用，可以实现现实生活中应用到的各种扭曲效果，如本节课"棒棒糖"的制作，其关键就是利用扭曲滤镜里的"旋转扭曲"命令对图案进行扭曲处理，从而得到逼真的效果。

2）素描滤镜组：素描滤镜子菜单中的滤镜可以将纹理添加到图像上，通常用于获得立体效果。这些滤镜还适用于创建美术或手绘外观。许多子滤镜在重绘图像时要使用前景色和背景色。我们可以通过"滤镜库"来应用所有"素描"滤镜组里的滤镜。半调图案子滤镜的作用在于保持连续的色调范围的同时，可以模拟半调网屏的效果。

4. 课后练习

用"半调图案滤镜"和"极坐标滤镜"完成如图 5-9 所示的"游泳圈"效果。

图 5-9　游泳圈效果图

解题步骤

1）新建文件 500×500 像素，新建"图层 1"并填充白色，设置前景色为红色，背景色为白色。

2）执行"滤镜"→"素描"→"半调图案"命令，设置"图案"类型为"直线"，"大小"值为 12，"对比度"值为 50。确定后得到如图 5-10 所示的效果。

3）执行"编辑"→"变化"→"旋转 90°"命令，使条纹竖起来。

4）按<Ctrl+T>组合键，拉伸条纹，使游泳圈的条纹变粗，得到如图 5-11 所示的效果。

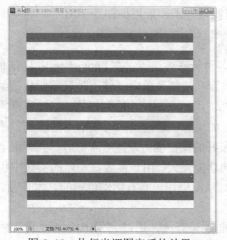
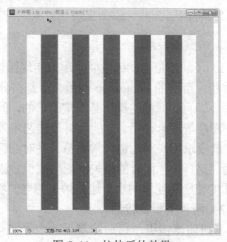

图 5-10　执行半调图案后的效果　　　　图 5-11　拉伸后的效果

5）将需要的图案用 ✄ 工具裁剪下来后，执行"滤镜"→"扭曲"→"极坐标"命令，在对话框中选择"平面坐标到极坐标"选项，效果如图 5-12 所示。

6）选择 ◯ 工具，按<Shift+Alt>组合键，在图像中心点单击鼠标并向外拖动出一个正圆选区，然后按组合键<Shift+Ctrl+I>反选选区，按<Del>键删除选区内像素。

7）按组合键<Shift+Ctrl+I>反选选区，执行"选择"→"变换选区"命令，按<Shift+Alt>组合键且向内图像中心缩小控制框，然后按<Del>键将选区内的图像删除，这时游泳圈轮廓就出来了，效果如图 5-13 所示。

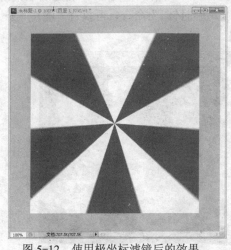 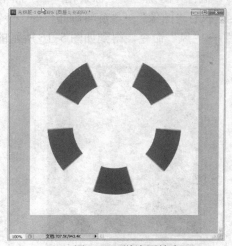

图 5-12　使用极坐标滤镜后的效果　　　　　图 5-13　游泳圈轮廓

8）为游泳圈图层添加"内阴影、投影"图层样式，"投影"样式中设置不透明度为 43%，角度为 130，距离为 12，大小为 81，其余默认。在"内阴影"样式中设置不透明度为 75%，角度为 130，距离为 5，阻塞为 0，大小为 38，其余默认。完成后得到如图 5-9 所示的效果。

5.2　实例二　风雪骑士

1．本实例需掌握的知识点

1）晶格化滤镜的使用。

2）风滤镜的使用。

实例效果如图 5-14 所示。

图 5-14　实例效果

2．操作步骤

1）打开光盘"素材"\"第 5 章"\"骑士"图片。

2）选择"骑士"图片，选择工具箱中的"魔术棒"工具 ，容差设置为 10，选择图片黑色背景区域如图 5-15 所示。

3）执行"滤镜"→"像素化"→"晶格化"命令，单元格大小为 15，确定后取消选区。

4）执行"图像"→"旋转画布"→"旋转 90°（顺时针）"命令，再执行"滤镜"→"风格化"→"风"命令，得到如图 5-16 所示的效果。

图 5-15　制作选区　　　　　　　　　　　图 5-16　风效果

5）执行"图像"→"旋转画布"→"旋转 90°（逆时针）"命令，得到如图 5-14 所示的实例效果图。

3．知识点讲解

"晶格化"滤镜可以使图像形成大小自定的单元格，本例要在骑士塑像边缘形成冰碴效果，因此必须用魔术棒选出其边缘，然后用"风"滤镜吹出类似冰锥的效果，从而完成风雪骑士的效果制作。这两个滤镜可以灵活应用而得到很多美轮美奂的效果。

4．课后练习

打开光盘"素材"\"第 5 章"\"美女"图片，运用"风"滤镜结合变形的方法完成如图 5-17 所示的效果。

图 5-17　课后练习效果图

解题思路

1）新建文件 400×400 像素，新建"图层 1"并用画笔画一竖线，如图 5-18 所示。

2）执行三次"风"命令。按<Ctrl＋T>组合键，执行"变形"命令，调整出如图 5-19 所示的效果。

3）复制"图层 1"得到"图层 1 副本"，按<Ctrl＋T>组合键，执行"旋转"命令，"图层 1 副本"的旋转角度为 72°，再复制"图层 1 副本"为"图层 1 副本 2"，执行同上操作，如此四次并调整各图层位置，得到如图 5-20 所示的花的效果。

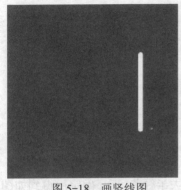 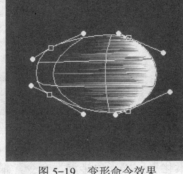 

图 5-18　画竖线图　　　　　图 5-19　变形命令效果　　　　图 5-20　复制调整得到花效果

4）合并除背景图层外的 5 个图层，再次复制"图层 1"得到"图层 1 副本"，用"图层 1 副本"缩小来制作花蕊。

5）分别对"图层 1"和"图层 1 副本"进行颜色调整。

6）打开光盘"素材"\"第 5 章"\"美女"图片，把花拖动到图片当中并适当调整位置、大小和颜色，完成效果制作。

5.3　实例三　精美相框

1. 本实例需掌握的知识点

1）了解"像素化"滤镜中的"彩色半调"和"碎片"命令及"锐化"滤镜中的"锐化"命令的使用。

2）掌握滤镜与快速蒙版结合使用创作精美相框的技巧。

本实例效果图如图 5-21 所示。

图 5-21　实例效果图

2. 操作步骤

1）打开光盘"素材"\"第5章"\"宝贝1"图片。

2）复制"背景图层"得到"背景图层副本"，选择"背景图层"为当前工作图层，按 <Alt＋Backspace>组合键填充"背景图层"为白色，选择工具箱中的 ▢ 工具，在"背景图层副本中"框选保留区域，如图5-22所示。

图 5-22　制作选区

3）按<Q>键进入快速蒙版编辑，如图5-23所示。

4）执行"滤镜"→"像素化"→"彩色半调"命令，最大半径为15，确定后得到如图5-24所示的效果。

图 5-23　进入快速蒙版编辑

图 5-24　彩色半调效果

5）执行"滤镜"→"像素化"→"碎片"命令，得到如图5-25所示的效果。

6）执行"滤镜"→"锐化"→"锐化"命令 4 次后按<Q>键返回标准模式，得到如图5-26所示的效果。

图 5-25　碎片效果

图 5-26　返回标准模式

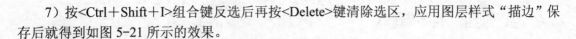

7）按<Ctrl＋Shift＋I>组合键反选后再按<Delete>键清除选区，应用图层样式"描边"保存后就得到如图 5-21 所示的效果。

3．知识点讲解

本实例中我们学习了"像素化"滤镜中的"彩色半调"和"碎片"命令及"锐化"滤镜中的"锐化"命令的使用。

"像素化"子菜单中的滤镜通过使单元格中颜色值相近的像素结成块来清晰地定义一个选区。在像素化滤镜中包括"彩块化"、"彩色半调"、"晶格化"、"点状化"、"碎片"、"铜版雕刻"和"马赛克"7 个滤镜。

在"锐化"滤镜组中包括"USM 锐化"、"智能锐化"、"进一步锐化"、"锐化"和"锐化边缘"5 个滤镜。

"USM 锐化"滤镜通过增加图像边缘的对比度来锐化图像。

"智能锐化"滤镜具有"USM 锐化"滤镜所没有的锐化控制功能。你可以设置锐化算法，或控制在阴影和高光区域中进行的锐化量。

"锐化"滤镜通过增加相邻像素的对比度来聚焦模糊的图像。

要想合理地使用各种滤镜需要多实践，了解每个滤镜的特点，从而达到熟练掌握的目的。

本实例中我们利用选框工具在快速蒙版模式下编辑，再结合滤镜就可以实现很多边框效果。下面通过进一步练习熟练掌握这种方法。

4．课后练习

打开光盘"素材"\"第 5 章"\"宝贝 2"图片，运用本课所学知识将其处理成如图 5-27 所示的效果。

图 5-27　课后练习效果图

解题思路

1）前 3 个操作步骤与本实例相同。

2）第 4 步执行 4 次"碎片"命令。

3）第 5 步执行"滤镜"→"艺术效果"→"海报边缘"命令。

4）最后两个操作步骤与本实例相同。

5.4　实例四　神秘洞穴

1．本实例需掌握的知识点

1）云彩和中间值命令的使用效果。

2）加深对晶格化和锐化命令的理解。

3）渐变映射的应用。

实例效果如图 5-28 所示。

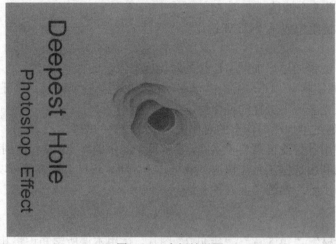

图 5-28　实例效果图

2．操作步骤

1）新建文件 650×450 像素，背景填充为黑色。

2）新建"图层 1"前景色设置为白色，选择柔焦画笔主直径为 200px，在"图层 1"上画一个柔和的圆点，如图 5-29 所示。

3）按<Ctrl＋T>组合键，再按住<Shift＋Alt>组合键以图像中心为基准按指定的纵横比扩大图像，使之充满整张画面，如图 5-30 所示。

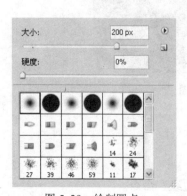

图 5-29　绘制圆点

图 5-30　扩大图像

4）新建"图层 2"，设置工具箱中的前景色为黑色，背景色为白色，执行"滤镜"→"渲染"→"云彩"命令，得到如图 5-31 所示的效果。

5）在图层面板中将"图层 2"的混合模式设置为线性光，填充值设置为 48%。圆形画笔图像受到云雾图像的影响变成不规则形态，按<Shift+Ctrl+E>组合键，将所有图层合并为一个图层，效果如图 5-32 所示。

图 5-31 云彩滤镜效果   图 5-32 绘制云雾的不规则形状

6）执行"滤镜"→"像素化"→"晶格化"（单元格大小为 40）命令，得到如图 5-33 所示的效果。

7）执行"滤镜"→"杂色"→"中间值"（半径 35）命令，制作按地形的高度排列等高线的阶梯形状，效果如图 5-34 所示。

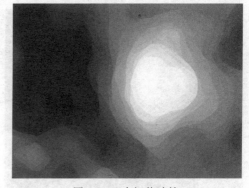

图 5-33 晶格化滤镜   图 5-34 中间值滤镜

8）按住<Ctrl+J>组合键，复制被选图层命名为"图层 1"，在图层面板中将"图层 1"隐藏，选择背景层，执行"滤镜"→"渲染"→"光照效果"命令，做如图 5-35 所示的设置，并将纹理通道设置为红色，表现的立体效果如图 5-36 所示。

9）在图层面板中选择"图层 1"，执行"滤镜"→"锐化"→"USM 锐化"命令（数量：479，半径：10），使图像的边界部分明显后，更有立体感，效果如图 5-37 所示。

10）设置"图层 1"的混合模式为正片叠底，填充值为 75%。

11）选择"图层 1"单击图层面板正文的"创建新的填充或调整图层"按钮，选择"渐变映射"选项，设置自己喜欢的颜色。

12）使用文字工具输入文字并调整，得到如图 5-28 所示的效果。

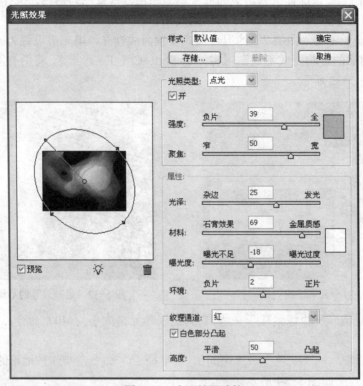

图 5-35　光照效果滤镜

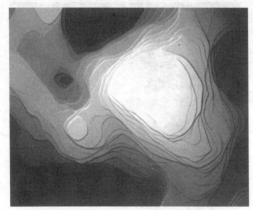

图 5-36　光照效果滤镜的效果

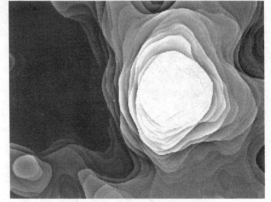

图 5-37　USM 锐化滤镜

3．知识点讲解

　　云彩滤镜的主要作用是形成云雾效果，对其晶格化处理后再运用中间值命令就能初步得到洞的轮廓，进行锐化后会使轮廓更为清晰，再配合渐变映射的使用，效果立刻显现出来。从本例可以看出，使用滤镜组合技巧，结合其他工具，可以创作出很多神奇的图片特效。

4．课后练习

　　运用本节所学知识完成如图 5-38 所示的效果。

图 5-38 课后练习效果图

解题思路

1）新建文件 400×400 像素，将前景色与背景色分别设为黑色和白色，新建"图层 1"，然后用渐变填充方式填充，效果如图 5-39 所示。

图 5-39 填充渐变色

2）执行"滤镜"→"扭曲"→"波浪"命令，参数设置如图 5-40 所示。

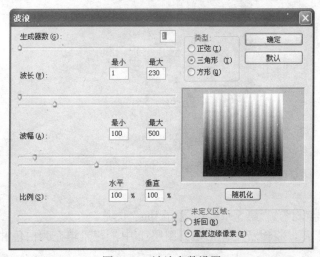

图 5-40 波浪参数设置

161

3）执行"滤镜"→"扭曲"→"极坐标"命令，得到如图 5-41 所示的效果。

4）执行"滤镜"→"素描"→"铬黄"命令，得到如图 5-42 所示的效果。

5）执行"滤镜"→"扭曲"→"旋转扭曲"命令，得到如图 5-43 所示的效果。

 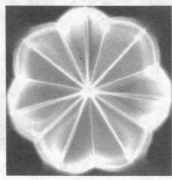 

图 5-41　极坐标命令　　　　　图 5-42　铬黄滤镜效果　　　　　图 5-43　旋转扭曲效果

6）新建"图层 2"，填充透明彩虹渐变并执行"旋转扭曲"命令，图层模式修改为"叠加"后得到如图 5-38 所示的效果。

5.5　实例五　橙子

1. 本实例需掌握的知识点

1）云彩滤镜、喷溅滤镜、基底凸现滤镜的综合运用。

2）加深对径向模糊、曲线等命令的理解。

3）光照效果，曲线的应用。

实例效果如图 5-44 所示。

图 5-44　实例效果图

2. 操作步骤

1）打开光盘"素材"\"第 5 章"\"橙子.jpg"图片。

2）新建"图层 1"，将橙子主体粘贴到图层 1 中，背景填充为白色并新建图层 2。效果如图 5-45 所示。

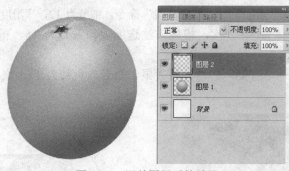

图 5-45　调整图层后的效果

3）选择椭圆选框工具，在"图层 2"画椭圆选区并执行"选择"→"变换选区"命令调整椭圆选区，效果如图 5-46 所示。

4）设置前景色为橘黄色，背景色为淡黄色，在"图层 2"选区中填充前景色，执行"选择"→"变换选区"命令，宽和高分别设置为 98%并填充背景色，效果如图 5-47 所示。

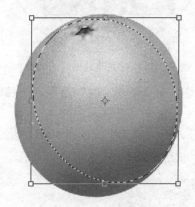

图 5-46　调整椭圆选区

图 5-47　填充背景色

5）执行"滤镜"→"画笔描边"→"喷溅"命令，喷溅半径为 12，平滑度为 2，执行"滤镜"→"模糊"→"高斯模糊"命令，半径为 2，取消选区后得到如图 5-48 所示的效果。

6）新建"图层 3"，恢复前背景色为默认，执行"滤镜"→"渲染"→"云彩"命令，再执行"滤镜"→"渲染"→"分层云彩"命令 2 次，得到如图 5-49 所示的效果。

图 5-48　使用喷溅、高斯模糊滤镜后的效果

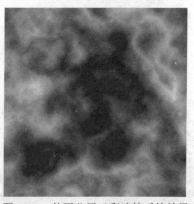

图 5-49　使用分层云彩滤镜后的效果

163

7）执行"滤镜"→"素描"→"基底凸现"命令，细节为 12，平滑度为 2，执行"滤镜"→"模糊"→"径向模糊"命令 2 次，模糊方法选缩放，数量为 15，得到如图 5-50 所示的效果。

8）执行"滤镜"→"渲染"→"光照效果"命令，负片为 17，聚焦为 89，环境为 24，效果如图 5-51 所示。

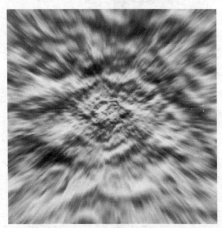

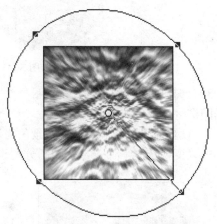

图 5-50　使用基底凸现滤镜和径向模糊滤镜后的效果　　　图 5-51　执行光照效果后的效果

9）将前景色设置为橘黄色，执行"图像"→"调整"→"渐变映射"命令，选择前景到背景色的渐变，效果如图 5-52 所示。

10）按<Ctrl+T>组合键，单击鼠标右键，在其快捷菜单中选取相应的命令调整图层 3 的效果，如图 5-53 所示。

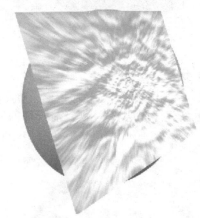

图 5-52　使用渐变映射命令　　　　　　　　图 5-53　变形后的效果

11）在图层 3 中载入图层 2 的选区，执行"选择"→"变换选区"命令将选区的宽和高调整为原大小的 95%，反选后删除，按<Ctrl+M>组合键，调整曲线使橙肉的颜色加深，得到如图 5-54 所示的效果。

12）用套索工具选取图层 1 的右上部分并删除，用吸管工具吸取图层 2 的颜色后用画笔在新建的图层 4 上为橙肉画上橙瓣，在新建的图层 5 上为橙子画上橙芯就得到如图 5-44 所示的效果。

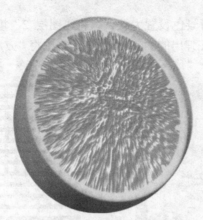

图 5-54　删除多余选区后的效果

3. 知识点讲解

云彩滤镜、喷溅滤镜、基底凸现滤镜、模糊滤镜等滤镜的主要作用是形成橙子的果肉，它们如何互相配合使用制作出逼真的果肉效果是本实例制作的关键，另外，如何实现果肉、果瓢和果皮的分层视觉效果是通过使用选区的变换来实现的，操作过程中要注意它们的层次关系，才能更好地实现本例的效果。从本例中可以看出，滤镜的功能非常强大，只要运用得当，不断创新，可以制作出很多逼真的效果。

4. 课后练习

结合本节所学知识完成如图 5-55 所示的"多彩运动毛巾"。

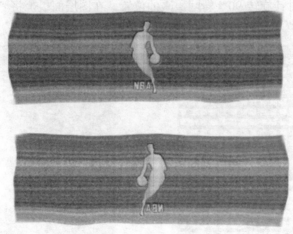

图 5-55　多彩运功毛巾效果图

解题思路

1）新建文件 800×600 像素，背景色为白色，分辨率为 300。新建"图层 1"，选择"渐变工具" ，在"渐变编辑器"对话框中将"渐变类型"设置为"杂色"，"粗造度"设置为"70%"，在"选项"一栏中勾选"限制颜色"一项，多单击几次"随机化"按钮，选出自己喜欢的色彩，按住<Shift>键从左至右进行填充，执行"滤镜"→"杂色"→"添加杂色"命令，在弹出的"杂色"对话框中将数量设置为 10 并勾选"高斯分布"和"单色"，效果如图 5-56 所示。

165

2）新建"图层 2"，前背景色设置为默认，将"图层 2"填充为白色，执行"滤镜"→"纹理"→"拼缀图"命令，在弹出的"拼缀图"对话框中将"方形大小"设置为"10"，"凸现"设置为"14"，执行"滤镜"→"风格化"→"查找边缘"命令，得到如图 5-57 所示的效果。

图 5-56　添加杂色后的效果

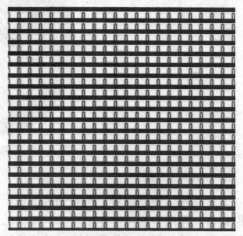

图 5-57　拼缀图和查找边缘滤镜效果

3）执行"选择"→"色彩范围"命令，在弹出的"色彩范围"对话框中选择白色，单击"确定"按钮后按<Delete>删除白色部分并取消选区。效果如图 5-58 所示。

4）执行"滤镜"→"风格化"→"风"命令，在弹出的"风"对话框中将"方法"设置为"风"，将"方向"设置为"从右"，将"图层 2"顺时针旋转 90°再次执行"风"滤镜，然后把"图层 2"逆时针旋转 90°转回原来的位置，在图层面板上将"图层 2"的"混合模式"设置为"柔光"，"填充"80%，得到如图 5-59 所示的效果。

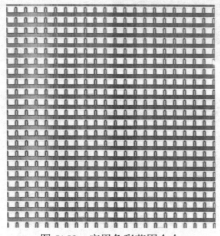

图 5-58　应用色彩范围命令

图 5-59　应用风滤镜并改变混合模式

5）合并除背景图层外的所有可见图层，执行"滤镜"→"画笔描边"→"喷溅"命令，"喷色半径"为 9，平滑度为 1，变换后得到如图 5-60 所示的效果。

6）利用涂抹工具和液化工具，调整后得到如图 5-61 所示的效果。

7）打开光盘"素材"\"第 5 章"\"NBA.jpg"图片，用魔术棒工具选取人形及字母移动图像到毛巾图层上，得到"图层 2"，双击"图层 2"，打开"图层样式"对话框，选择"斜面和浮雕","样式"为"枕状浮雕","大小"为 2，设置"图层 2"的"不透明度"为 70%，得到如图 5-55 所示的效果。

图 5-60　变形后的效果

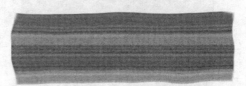

图 5-61　涂抹和使用液化工具

5.6　实例六　碧玉龙

1．本实例需掌握的知识点

1）云彩滤镜、模糊滤镜等的综合运用。

2）加深对图层样式的使用与理解。

3）熟练使用图层的混合模式。

实例效果如图 5-62 所示。

图 5-62　实例效果图

2．操作步骤

1）新建 600×600 像素，分辨率为 300，颜色模式为 RGB，背景为白色的文件。

2）设置前景色为深红色，按<Alt+Delete>组合键填充背景层为深红色。执行"滤镜"→"杂色"→"添加杂色"命令，设置数量为"11"，勾选"高斯分布"和"单色"。

3）执行"滤镜"→"模糊"→"高斯模糊"命令，设置半径为 1.5 像素。

4）执行"滤镜"→"渲染"→"光照效果"命令。

5）新建"图层 1"，设置前背景色为默认，执行"滤镜"→"渲染"→"云彩"命令，效果如图 5-63 所示。

6）执行"选择"→"色彩范围"命令，容差设置为 60，选取图像中的灰色部分，得到的效果如图 5-64 所示。

167

图 5-63　云彩滤镜效果

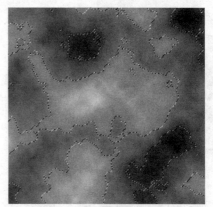

图 5-64　应用色彩范围效果

7）新建"图层 2"，设置前景色为深绿色，在选区中填充前景色，效果如图 5-65 所示。

8）取消选区，选择"图层 1"，在"图层 1"上使用渐变工具填充前景色到背景色的渐变，并合并除背景图层外的所有图层，得到如图 5-66 所示的效果。

图 5-65　在新图层填充深绿色效果

图 5-66　使用渐变填充并合并图层后的效果

9）打开光盘"素材"\ "第 5 章"\ "龙.psd"图片，将龙形选区移动到"图层 1"上，效果如图 5-67 所示。

10）按<Ctrl+J>组合键将选区图案复制到"图层 2"中，并删除"图层 1"，效果如图 5-68 所示。

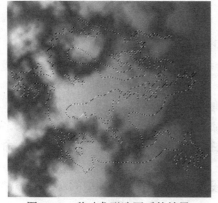

图 5-67　移动龙形选区后的效果

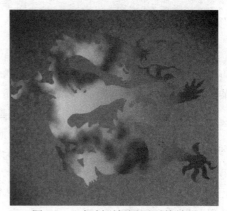

图 5-68　复制到新图层后的效果

11）双击"图层 2"，打开"图层样式"对话框，选择"斜面和浮雕"，设置"深度"为200，"大小"为 20，其余默认。选择"光泽"，颜色为深绿色，设置"距离"和"大小"均为30。选择"内阴影"，颜色为绿色，"不透明度"为 75%，"角度"为 120，"距离"为 10，"阻塞"为 0，"大小"为 50，其余默认。选择"外发光"，"大小"为 40，颜色为绿色，其余为默认。最后再次选择"斜面和浮雕"，"阴影模式"设置为"柔光"、浅绿色，"不透明度"为 30%。

12）复制"图层 2"得到"图层 2 副本"，在副本图层上单击鼠标右键，在弹出的快捷菜单中选择"转换为智能对象"命令，双击"图层 2 副本"，打开"图层样式"对话框，选择"斜面和浮雕"，设置"深度"为 100，"大小"为 20，"阴影模式"颜色为绿色，其余默认。选择"光泽"，"混合模式"颜色为绿色，设置"距离"为 14，"大小"为 29，"等高线"选择环形-双。选择"投影"，"距离"为 22，"大小"为 12，"扩展"为 18，最后得到如图 5-62 所示的效果。

3．知识点讲解

云彩滤镜的主要作用是形成云雾效果，碧玉龙的絮状效果主要由它来实现。高斯模糊滤镜、色彩范围命令、渐变等的组合应用构成碧玉龙的主体材质，图层样式的设置是本例的难点，碧玉龙的通透感、光影效果以及立体感只有选择合适的参数才能达到理想的效果，希望大家多练习，熟练掌握其应用。

4．课后练习

运用本节所学知识完成如图 5-69 所示的"玉指环"。

图 5-69　玉指环效果图

解题思路

1）新建文件 800×600 像素，背景色为白色，分辨率为 300。

2）新建"图层 1"，设置前背景色为默认，执行"滤镜"→"渲染"→"云彩"命令。

3）执行"选择"→"色彩范围"命令，容差设置为 40，选取图像中的灰色部分。

4）新建"图层 2"，设置前景色为深红色，在选区中填充前景色。

5）取消选区，选择"图层 1"，在"图层 1"上使用渐变工具填充前景色到背景色的渐变，并合并除背景图层外的所有图层。

6）选择椭圆选框工具，把玉指环的形状选取出来。

7）双击"图层 2"，打开"图层样式"对话框，选择"斜面和浮雕"，设置"深度"为

200，"大小"为 20，其余默认。选择"光泽"，颜色为深红色，设置"距离"和"大小"均为 30，选择"投影"，设置"不透明度"为 50，"角度"为 120，"距离为" 5，"扩展"为 0，"大小"为 5，其余默认。选择"内阴影"，颜色为红色，"不透明度"为 75%，"角度"为 120，"距离"为 10，"阻塞"为 0，"大小"为 50，其余默认。选择"外发光"，大小为 20，颜色为红色，其余为默认。最后再次选择"斜面和浮雕"，"阴影模式"设置为"柔光"，浅红色，"不透明度"为 30%。

8）复制"图层 2"得到"图层 2 副本"，取消"图层 2 副本"图层样式中的"阴影"，执行"滤镜"→"扭曲"→"玻璃"命令，"扭曲度"为 20，"平滑度"为 4，"纹理"选择为磨砂，按<Ctrl+M>组合键调出"曲线"，按<Ctrl+U>组合键调出"色相/饱和度"，调整合适后得到如图 5-69 所示的效果。

5.7 实例七 闪电

1. 本实例需掌握的知识点

1）什么是外挂滤镜。

2）外挂滤镜的安装。

3）KPT 外挂滤镜如何应用。

实例效果如图 5-70 所示。

图 5-70 实例效果图

2. 操作步骤

1）打开光盘"素材"\"第 5 章"\"外景.jpg"图片。

2）新建"图层 1"并填充黑色。

3）执行"滤镜"→"KPT effects"→"KPT Lightning"命令，参数调整如图 5-71 所示。

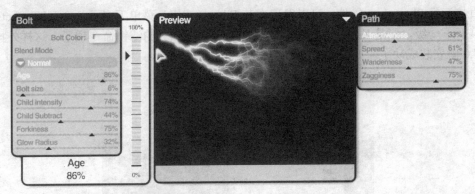

图 5-71　KPT Lightning 滤镜参数设置

具体解释一下 Bolt 面板中每个参数的作用。

① Blend Mode 下拉菜单设置的是闪电效果与原图像的混合模式。

② Age 滑块设置的是闪电束的长度。

③ Bolt size 滑块设置的是闪电束的宽度。

④ Child Intensity 滑块设置的是闪电分支的亮度。

⑤ Child Subtract 滑块设置的是闪电分支的数量。

⑥ Forkiness 滑块设置的是闪电主干上分叉点的数量。

当 Child Intensity 滑块设置成最小值 0%时，所有闪电分支都变得不可见；当 Child Subtract 滑块设置成最大值 100%时，所有的闪电分支都将被移除。

当 Forkiness 滑块设置成 0%时，所有的闪电分支都会消失，Child Intensity 滑块和 Child Subtract 滑块的设置也都会因此变得无效。

4）将"图层 1"模式设置为"叠加"，得到如图 5-70 所示的实例效果。

3．知识点讲解

（1）外挂滤镜　Photoshop 滤镜可以分为内阙滤镜、内置滤镜（自带滤镜）、外挂滤镜（第三方滤镜）3 种类型。内阙滤镜是指内阙于 Photoshop 程序内部的滤镜（共 6 组 24 支），这些是不能删除的，即使将 Photoshop 目录下的 plug-ins 目录删除，这些滤镜依然存在。内置滤镜是指在默认安装 Photoshop 时，安装程序自动安装到 plug-ins 目录下的那些滤镜（共 12 组 76 支）。外挂滤镜是指除上述两类以外，由第三方厂商为 Photoshop 所开发的滤镜，不但数量庞大、种类繁多、功能不一，而且版本和种类不断升级和更新。由于不是在基本应用软件中写入的固定代码，因此，外挂具有很大的灵活性，最重要的是，可以根据意愿来更新外挂滤镜，而不必更新整个应用程序，著名的外挂滤镜有 KPT、PhotoTools、Eye Candy、Xenogeny、UleadEffects 等。

（2）外挂滤镜的安装　Photoshop 的著名外挂滤镜 KPT（Kai's Power Tools）是一组系列滤镜。每个系列都包含若干个功能强劲的滤镜，适合于电子艺术创作和图像特效处理，最新的版本是 KPT 7.0。下面就以安装该滤镜为例，讲讲如何安装外挂滤镜。

首先下载外挂滤镜 KPT 7.0，若是压缩包，解压后会得到一个名称为"KPT7"的文件夹。如果没有特别提示，就可以直接把里面的文件复制到相应目录中，如默认安装的"C:\Program Files\Adobe\Adobe Photoshop CS5\Plug-Ins"目录中。

171

直接运行 Photoshop 软件,可以发现在其 Filter(滤镜)菜单下多了一个 KPTeffects 子菜单,展开下一级,便是 KPT 7.0 滤镜组提供的 9 个功能强大的滤镜命令项了。这样外挂滤镜 KPT 7.0 就安装成功了,如图 5-72 所示。

图 5-72　安装外挂滤镜后的滤镜菜单

(3)KPT 外挂滤镜的使用　KPT 外挂滤镜的使用与 Photoshop 本身的滤镜使用差异不大,若要使用只需执行相应的命令并调整合适的参数即可。由于 KPT 外挂滤镜是英文版的,使用起来可能不便,可以借助于翻译软件(如金山快译等)进行翻译后使用。

4.课后练习

运用 KPT 外挂滤镜中的 KPT Hyper Tiling 命令创作如图 5-73 所示的效果。

图 5-73　课后练习效果图

解题思路

1)新建文件 300×300 像素,完成如图 5-74 所示的效果(各图层必须拼合)。

图 5-74　制作基本图像

2）执行"滤镜"→"KPT effects"→"KPT Hyper Tiling"命令，参数设置如图 5-75 所示。

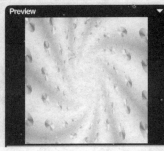

图 5-75　KPT Hyper Tiling 滤镜参数设置

保存文件，完成创作。

5.8　实例八　私语

1．本实例需掌握的知识点

1）了解 Mystical Lighting 外挂滤镜。

2）掌握 Mystical Lighting 外挂滤镜的简单运用技巧。

实例效果如图 5-76 所示。

图 5-76　实例效果图

2. 操作步骤

1）打开光盘"素材"\"第 5 章"\"鸟"图片。

2）执行"滤镜"→"Auto FX Software"→"Mystical"命令，效果如图 5-77 所示。

图 5-77　Mystical 滤镜

3）执行"Special Effect"→"Mystical Lighting"→"FairyDust"→"Select Presents"命令，得到 Presents 选项卡如图 5-78 所示。

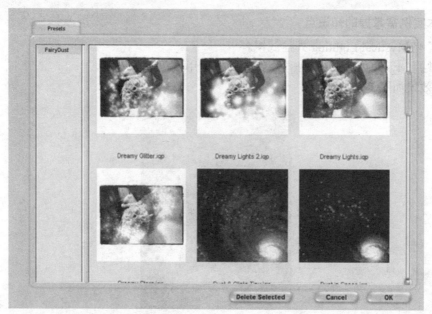

图 5-78　Presents 选项卡

174

4）选择"Dreamy Glitter"，单击"OK"按钮应用滤镜，得到如图 5-76 所示的实例效果。

3. 知识点讲解

Mystical Lighting 外挂滤镜是一款光线的补充和设计插件，使用它可以制作出极为真实的光线和投射阴影效果，使图像提高光影品质，达到美化图像的目的。Mystical Lighting 包含了 16 种视觉效果和 400 多种预设，利用这些视觉效果和预设可以制作出多种多样的光影效果。

从 Mystical Lighting 对话框中可以看到滤镜界面分为 3 大部分，常规控制部分（File、Edit 和 View）、图层控制部分（右上角部分）和特效控制部分（Special Effects），如图 5-79 所示。

图 5-79　Mystical Lighting 对话框

常规控制部分中可以实现对文件的操作，比如保存、载入、退出、重复操作、后退操作等，在 View 菜单中还可以控制视图的显示情况。

在图层控制面板中可以为图像增加一些特殊的图层，比如 Masking Layer、Clone Layer 等。具体功能如图 5-80 所示。

A：Opacity 控制条，可以改变所选中图层的透明度。

B：代表的是当前的背景图像。

C：Effects Menu 按钮，可以选择创建特殊效果的图层。

D：新建图层。

E：复制图层。

F：创建遮罩图层。

G：删除图层。

H：图层控制菜单。

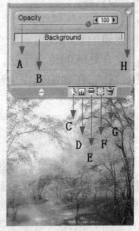

图 5-80　图层控制面板

在特效控制部分中，可以为当前图层添加 16 种特殊效果，当鼠标指针移动到某种特效时，会弹出 Select Preset 选择预制命令，单击此命令就会打开预设的特效参数模板。

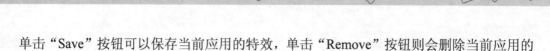

单击"Save"按钮可以保存当前应用的特效，单击"Remove"按钮则会删除当前应用的特效。

4. 课后练习

打开光盘"素材"\"第 5 章"\"清晨"图片，运用 Wispy Mist 特效完成如图 5-81 所示的"清晨雾景"效果。

图 5-81　课后练习效果图

解题思路

1）执行"Special Effect"→"Mystical Lighting"→"Wispy Mist"→"Select Presents"命令。

2）根据需要调节相关参数完成效果图。

5.9　小结

滤镜的熟练使用和配合应用是创作各种神奇效果的前提，只有具备了扎实的滤镜使用基础，配合熟练的使用手法，才能在创作过程中得心应手，衷心地希望大家能学好滤镜，用好滤镜，让它在你的创作生活中添上浓妆重彩的一笔。

本 章 总 结

本章主要讲解了滤镜的应用，它也是本章的重点内容。滤镜的种类繁多，功能丰富，不但包含内置滤镜，还有外挂滤镜。合理地运用这些滤镜可以使创作更加得心应手，选择的工具更加丰富。要想熟练地掌握这些滤镜的使用并应用自如，就需要对滤镜的分类和特性有足够的了解，因此只有多实践，持之以恒，不断练习，才能更好地理解和掌握滤镜的使用。

第6章 Adobe Photoshop CS5 中 3D 的使用

6.1 绘制物体表面材质纹理

6.1.1 实例一 茶壶表面绘制

1. 本实例需掌握的知识点

1）使用 3D 轴调整物体。

2）用画笔工具绘制材质。

3）编辑多种材质。

实例效果如图 6-1 所示。

图 6-1 实例效果图

2. 操作步骤

1）打开光盘"素材"\"第 6 章"\"6.1.1 茶壶.3ds"文件。

2）选择工具箱中的  对象旋转工具，此时在文件视图中出现 3D 轴，光标指向绿色的 Y 轴，单击轴间内弯曲的旋转线段，出现旋转平面的黄色圆环，调整茶壶在视图中的角度，如图 6-2 所示。

3）执行"窗口"→"3D"命令，打开 3D 控制面板。选择 3D 面板中的整个场景，如图 6-3 所示。

4）选择画笔工具，设置前景色 RGB 的颜色值为：102，30，30。选择大笔刷在茶壶表面绘制，绘制后的茶壶效果及图层面板如图 6-4 所示。此时的图层面板 3D 图层下方的纹理中具备一个"漫射"纹理。

图 6-2 调整茶壶角度

图 6-3　打开 3D 面板

图 6-4　绘制"漫射"纹理后的茶壶效果及图层面板

5）选择 3D 面板，在"绘制于"下拉列表中选择"光泽度"，用画笔工具在茶壶上绘制，如图 6-5 所示，弹出"缺少纹理"对话框，单击"确定"按钮，弹出新建"光泽度"纹理文件的对话框。

6）设置文件名称为"光泽度"，文件大小与"6.1.1 茶壶"文件大小相同。确定后，场景中的茶壶出现光度效果，图层面板 3D 图层的纹理中新增加了一个"光泽度"纹理。增加"光泽度"纹理后的茶壶效果及图层面板如图 6-6 所示。

7）用同样的方法，在 3D 面板的"绘制于"下拉列表中选择"凹凸"，用画笔工具在茶壶上绘制，新建凹凸纹理文件，文件名为"凹凸"，文件大小与茶壶文件相同。

8）选择图层面板，此时图层面板的纹理中出现"凹凸"纹理，在"凹凸"纹理上双击，打开"凹凸"纹理文件，此时的"凹凸"纹理文件中只有一个白色的背景层。

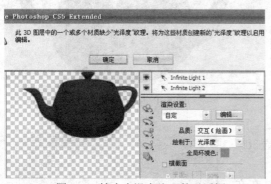
图 6-5　缺少光滑度纹理的对话框

图 6-6　增加"光泽度"纹理后的茶壶效果及图层面板

9）执行"文件"→"置入"命令，将光盘中"素材"\"第 6 章"\"二方连续.jpg"文件置入到当前文件中，置入图像后的"凹凸"文件及图层面板如图 6-7 所示。

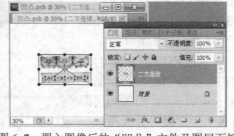
图 6-7　置入图像后的"凹凸"文件及图层面板

10）将图像调大，回到"茶壶"文件，此时在茶壶上已经出现"二方连续"图案的凹凸效果，只是效果并不十分清晰。

11）选择 3D 面板，如图 6-8 所示，在面板的上部选择灯光条目，在面板的下部将灯光的强度值调大，此时茶壶上的凹凸纹理清晰可见。

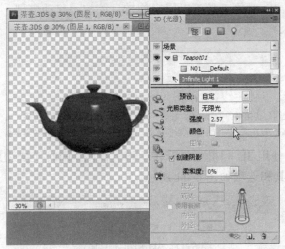

图 6-8　设置灯光参数

12）在 3D 面板顶部单击"材质"按钮 ，进入"材质"编辑组件，将面板下部的"凹凸"参数值调大，此时茶壶上的凹凸纹理效果更加逼真。茶壶效果及 3D 材质组件面板如图 6-9 所示。

图 6-9　设置凹凸材质

13）同样，可以继续增加茶壶的"光泽"及"反射"参数，最后得到如图 6-1 所示的茶壶效果。

14）保存文件为"茶壶.pds"。

3．知识点详解

（1）3D 对象和相机工具　Photoshop 可以打开 U3D、3DS、OBJ、DAE（Collada）以及 KMZ（Google Earth）格式的文件。如果要对打开的 3D 文件进一步编辑，首先要了解 3D 对

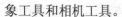
象工具和相机工具。

选定 3D 图层时会激活 3D 对象和相机工具。使用 3D 对象工具可更改 3D 模型的位置或大小；使用 3D 相机工具可更改场景视图。当系统支持 OpenGL 时，可以使用 3D 轴来操作 3D 模型和相机。

1）3D 对象工具。3D 对象工具可以用来旋转、缩放、移动模型。3D 对象工具和选项如图 6-10 所示。

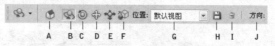

图 6-10　3D 对象工具属性

A. 返回到初始对象位置　B. 旋转　C. 滚动　D. 平移　E. 滑动　F. 缩放
G. 视图菜单　H. 保存当前位置　I. 删除当前位置　J. 位置坐标

2）3D 相机工具。使用 3D 相机工具可移动相机视图，同时保持 3D 对象在场景中的位置固定不变。3D 相机工具和选项如图 6-11 所示。

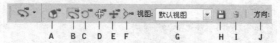

图 6-11　3D 相机工具属性

A. 返回到初始相机位置　B. 旋转　C. 滚动　D. 平移　E. 步览　F. 缩放
G. 视图菜单　H. 保存当前相机视图　I. 删除当前相机视图　J. 相机位置坐标

（2）3D 轴　3D 轴显示 3D 空间中模型、相机、光源和网格的当前 X、Y 和 Z 轴的方向。当系统启动 OpenGL 功能时可正确显示 3D 轴。启动 OpenGL 的方法是：选择“编辑”→“首选项”→“性能”菜单可打开“首选项”对话框，勾选“启用 OpenGL 绘图”功能。3D 轴的功能如图 6-12 所示。

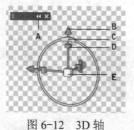

图 6-12　3D 轴

A. 使 3D 轴最大化或最小化
B. 沿轴移动项目　C. 旋转项目
D. 压缩或拉长项目　E. 调整项目大小

与 3ds Max 软件相同，Photoshop 中的 3D 轴同样用 3 种颜色来代表 X、Y 和 Z 3 个不同的轴向。其中红色代表 X 轴，绿色代表 Y 轴，蓝色代表 Z 轴。每个轴向上都有锥尖、弯曲线和方体，可沿不同的轴向分别对项目进行移动、旋转和缩放的调整。要调整项目的大小可选中 3D 轴的中心立方体向上或向下拖动。

（3）3D 面板　选择 3D 图层后，3D 面板会显示关联的 3D 文件的组件。在面板顶部列出场景、网格、材质和光源。要筛选其他组件，只需单击面板顶部的“场景”、“网络”、“材质”和“光源”按钮。如图 6-13 所示，3D 面板分为上下两个部分，上部显示我们选择的不同组件的具体内容，下部显示其组件所具备的相关选项。

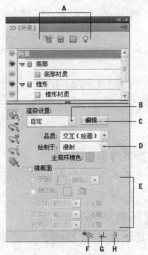

图 6-13　显示场景选项的 3D 面板

A. 显示"场景"、"网格"、"材质"或"光源"选项　B. 渲染预设菜单　C. 自定渲染设置
D. 选择要绘制的纹理　E. 横截面设置　F. 切换叠加　G. 添加新光源　H. 删除光源

（4）3D 场景设置　使用 3D 场景设置可更改渲染模式，选择要在其上绘制的纹理或创建横截面。要访问场景设置，请单击 3D 面板中的"场景"按钮 ，然后在面板顶部选择"场景"条目。如图 6-13 所示，在面板上部，显示场景中模型的不同部位以及与之关联的材质。选择这些条目即可通过面板下部的相关选项对其进行编辑。当选择整个场景时，可对场景进行渲染、纹理绘制等设置。

（5）3D 网格　模型是物体三维空间的骨架，实现物体的空间效果和透视。Photoshop 中所处理的三维模型都是网格物体，物体的体积和空间均通过网格来表现。3D 模型中的每个网格都出现在 3D 面板顶部的单独条目上。选择网格可访问网格设置和 3D 面板底部的信息。这些信息包括应用于网格的材质和纹理数量，以及其中所包含的顶点和表面的数量。

（6）3D 材质设置　材质用以表现三维物体的物理属性，贴图纹理是依附网格来表现物体质感的重要依据。

贴图纹理是依据网格对物体进行空间、透视上的材质和质感的表现，计算机中模拟的材质有很多，为了更好地表达这些因素，贴图也就不仅仅有一种，我们所看到的丰富而漂亮的模型实际上是多重贴图混合后的效果，它们各自扮演着不同的角色。在本实例中我们用到了"漫射"、"凹凸"以及"光泽度"等材质。

1）"漫射"材质用以表现物体表面的颜色。漫射映射可以是实色，也可以是任意的 2D 图像。

2）"凹凸"材质在物体表面创建凹凸效果，无需改变底层网格。凹凸映射是一种灰度图像，其中较亮的值创建突出的表面区域，灰度值创建平坦的表面区域，较暗的值创建凹陷的表面区域。

3）"光泽度"材质定义来自光源的光线经物体表面反射，返回到人眼中的光线数量。

有关 3D 材质的一些其他设置将在以后的实例中逐步讲解。

（7）3D 绘画和纹理编辑　在编辑物体材质的过程中，我们可以使用任何 Photoshop 绘画工具直接在 3D 模型上绘画，就像在 2D 图层上绘画一样。

直接在模型上绘画时，可以选择应用绘画的底层纹理映射。通常情况下，绘画应用于漫射纹理映射，以便为模型材质添加颜色属性。也可以在其他纹理映射上绘画，例如在凹凸映射或不透明度映射上绘画。如果模型缺少绘制的纹理映射类型，则会自动创建纹理映射。在本实例中，我们在绘制纹理时自动添加了"凹凸"和"光泽度"纹理。

4．课后练习

打开光盘"素材"\"第 6 章"\"6.1.1 练习.3ds"文件，编辑物体表面材质，效果如图 6-14 所示。

解题思路

1）用画笔工具在物体表面绘制"漫射"纹理。

2）创建"凹凸"纹理，进入"凹凸"纹理文件进行编辑。

3）在"凹凸"纹理文件中输入竖排文字"Photoshop"，颜色为黑色。调整位置，使其位于圆环物体的中间位置。

图 6-14　课后练习效果图

4）继续在文字周围用形状工具绘制花纹及线条，调整线条的位置与文字和圆环物体相协调。

5）进入材质面板，设置"凹凸"、"反射"、"光泽"、"闪亮"等参数，最后得到如图 6-14 所示的效果。

6.1.2　实例二　茶几

1．本实例所需掌握的知识点

1）在模型的不同区域中使用不同材质。

2）了解材质面板。

3）运用材质选取器编辑材质。

实例效果如图 6-15 所示。

图 6-15　实例效果

2．操作步骤

1）打开光盘"素材"\"第 6 章"\"6.1.2 茶几.3ds"文件，将文件另存为 6.1.2 茶几.pds。

2）打开 3D 面板，如图 6-16 所示，在场景组件中选择桌子模型区域，此时面板下部显示桌子模型区域的材质设置。

图 6-16　在场景中选择桌子模型

3）在面板下部单击"漫射"后面的编辑纹理按钮，弹出快捷菜单，选择"打开纹理"选项，打开纹理的位置如图 6-17 所示。

4）此时打开一个名称为"高清木纹.pds"的文件，置入素材中的"高清木纹.jpg"图片，并将木纹素材调整到整个画面大小。回到茶几文件，此时茶几文件效果如图 6-18 所示。

图 6-17　打开漫射纹理

图 6-18　为茶几添加木纹效果

5）用同样的方法分别为茶壶添加"清茶瓷 03.jpg"纹理，为杯子添加"清茶瓷 01.jpg"纹理效果，结果如图 6-19 所示。

6）选择材质组件，进一步编辑模型的纹理效果。选择桌子材质，如图 6-20 所示，单击面板下部的"编辑凹凸纹理"图标，在弹出的快捷菜单中选择"载入纹理"，弹出"打开"对话框，打开素材中的"高清木纹.jpg"图片。

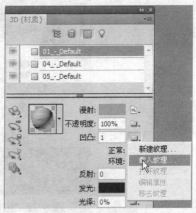

图 6-19　添加纹理后的场景效果

图 6-20　载入凹凸纹理

7）设置凹凸参数值为 2.5。此时桌子效果及材质面板如图 6-21 所示。

183

图 6-21　编辑凹凸材质

8）选择茶壶和茶杯材质，分别设置它们的"光泽"参数为 90%，"闪亮"参数为 100%，"折射"参数为 1.5，反射参数为 20。最后得到如图 6-15 所示的效果。

9）保存文件。

3. 知识点详解

当 3D 场景中包含多个网格时，则每个网格可能会有与之关联的特定材质。或者模型可能是通过一个网格构建的，但在模型的不同区域中使用了不同的材质。本实例中我们使用的.obj 格式的文件将模型区分成不同的区域，这样就可以为一个模型编辑多种贴图效果。

（1）3D（材质）面板　Photoshop 中 3D 材质的编辑主要通过贴图纹理来实现，而每个贴图本身又包含多种映射类型。如图 6-22 所示的图层面板显示，在场景中我们只为模型编辑了一种"漫射"纹理，而一种"漫射"纹理中包含了 3 种不同的贴图。3D（材质）面板显示出一种贴图纹理下所具备的多种映射类型，通过对这些不同映射类型的编辑我们可以得到多种不同的漂亮而丰富的材质效果。

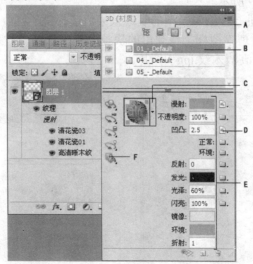

图 6-22　图层面板与 3D（材质）面板

A．显示"材质"组件选项　B．选定的材质　C．材质选取器
D．纹理映射菜单图标　E．纹理映射类型　F．材质拖放和选择工具

　　材质面板下部显示材质所具有的多种映射类型，主要包括：漫射、不透明度、凹凸、反射、发光、光泽、闪亮、镜像、环境和折射共 10 种。这些映射可以通过调整其自身的颜色、设置参数值或是为其添加一个 2D 贴图来表现。单击纹理映射菜单图标 ▢. 可新建一种纹理进行编辑或是直接添加一个 2D 贴图，编辑纹理后图标显示为 ▣.图像图标。编辑后的纹理可以对其进行打开、移去及编辑属性等操作。

　　贴图在文档中的位置直接影响物体表面，如果想让贴图完全包裹物体，贴图的尺寸就要与文档等大。

　　（2）材质选取器　使用材质选取器可方便快速地为模型编辑材质。单击材质选取器旁的小三角按钮，可弹出预设材质面板。如图 6-23 所示，CS5 为我们提供了多种流行材质，只要单击选中的预设材质图标即可将材质应用于模型。单击预设材质面板旁的 ▶ 图标弹出快捷菜单，通过这些快捷菜单可以进行新建材质、载入材质、存储材质及删除材质等操作。

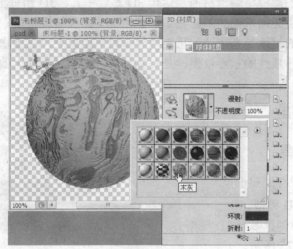

图 6-23　材质选取器

4．课后练习

　　打开光盘"素材"\"第 6 章"\"6.1.2 练习.obj"文件，根据本节所学内容为沙发编辑多种贴图纹理。效果如图 6-24 所示。

图 6-24　课后练习效果图

185

解题思路

1）在 3D 材质面板中选中"皮革"材质，在材质选取器中单击"皮革（褐色）"材质，为沙发靠背添加材质。

2）在图层面板中双击"漫射"纹理下的皮革材质，打开皮革材质文件，编辑皮革材质的颜色。

3）运用同样方法为沙发底座添加织物材质，编辑织物颜色。

4）在材质面板中选择"腿"材质，在纹理映射类型中设置纹理参数，使其产生白钢效果。其中反射值 30、光泽 90%、闪亮 95%、折射 1.9。

6.1.3　小结

本节主要学习为三维模型编辑材质。运用 3D 对象工具、3D 相机工具和 3D 轴调整三维物体是编辑三维物体所必须掌握的基础知识，运用 3D 面板编辑材质，掌握运用多种贴图纹理编辑出漂亮而丰富的材质是本节课的重要内容。材质用以表现三维物体的物理属性，贴图是依附网格来表现物体质感的重要依据，是对物体进行空间、透视上的材质和质感的表现。

6.2　创建 3D 模型

6.2.1　实例一　玩偶

1. 本实例所需掌握的知识点

1）从图层创建 3D 模型。

2）在一个文档中创建多个 3D 模型。

实例效果如图 6-25 所示。

2. 操作步骤

1）新建文件 400×425 像素，保存文件。

2）执行"3D"→"从图层新建形状"→"帽形"命令，
直接从背景层创建三维模型，调整模型位置，模型效果及图层面板如图 6-26 所示。

图 6-25　实例效果图

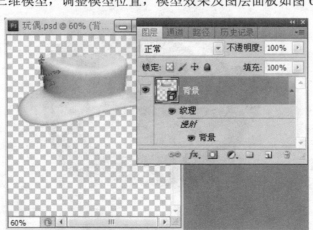

图 6-26　模型效果及图层面板

3）将背景层改名为"帽子"，新建"图层 1"并改图层名为"球体"。

4）执行"3D"→"从图层新建形状"→"球体"命令，在图层中创建球体。

5）将"球体"图层置于"帽子"图层下，调整球体的形状及位置。模型效果及图层面板如图 6-27 所示。

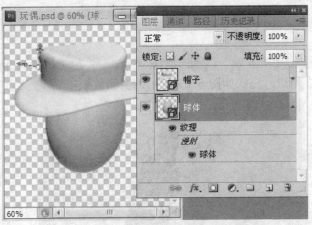

图 6-27　调整球体后的模型效果及图层面板

6）用同样方法创建"锥形"和"圆环"模型，并调整其形状与位置，效果如图 6-28 所示。

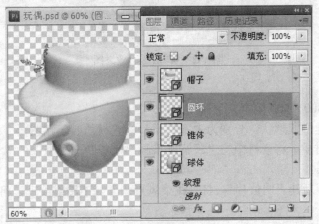

图 6-28　玩偶效果及图层面板

7）运用前面所学编辑材质的方法，分别为帽子编辑布纹材质，为球体、锥体和圆环编辑木纹材质。最后得到如图 6-25 所示的实例效果。

3．知识点详解

Photoshop 可以将 2D 图层作为起始点，生成各种基本的 3D 对象。创建后的 3D 对象可以在 3D 空间移动，模型本身具有基础的材质可供编辑。

（1）创建 3D 形状　选择要创建模型的 2D 图层，选取"3D"→"从图层新建形状"，然后从菜中选择一种形状。这些形状包括圆环、球面或帽子等单一网格对象，以及锥形、立方体、圆柱体、易拉罐或酒瓶等多网格对象。

创建形状后，原 2D 图层变为 3D 图层，可在 3D 面板中对模型进行材质编辑。单一的网格模型编辑贴图时比较方便，而多网格模型在编辑贴图时要找准网格。如实例中用到的锥形，具有两个网格，在编辑材质时，我们要区分清楚锥体和锥底。

每一个 3D 图层只能够创建一个形状，想创建新的形状必须要新建图层。如果想在一个 3D 图层中拥有多个三维模型，可对 3D 图层进行合并操作，具体方法将在后面的实例中介绍。

（2）创建 3D 明信片　我们可以用一张 2D 图片创建 3D 明信片，从而创建显示阴影和反射的表面，3D 明信片在场景中可用做其他主要物体的背景。

4．课后练习

打开光盘"素材"\"第 6 章"\"葡萄酒标签.jpg"、"蔬菜风景画.jpg"和"背景 01.jpg"图片，运用本节所学知识，完成如图 6-29 所示的实例效果。

图 6-29　课后练习效果图

解题思路

1）新建文件 500×500 像素。

2）从图层新建酒瓶形状，分别为木塞材质和标签材质赋予贴图。

3）选择玻璃材质，将素材中的"蔬菜风景画"赋予凹凸类型中的"环境"，设置玻璃材质的其他类型参数。

4）新建图层，新建"明信片"。将"蔬菜风景画"赋予漫射纹理，将"背景 01"赋予发光纹理。

6.2.2　实例二　金字塔

1．本实例所需掌握的知识点

1）从灰度新建网格。

2）合并 3D 图层。

实例效果如图 6-30 所示。

图 6-30　实例效果图

2．操作步骤

1）新建文件 500×500 像素，保存文件。

2）设置前景色为浅灰色，背景色为白色。

3）执行"滤镜"→"渲染"→"分层云彩"命令，按<Ctrl＋F>组合键，再次执行"分层云彩"命令。使画面呈现浅灰色与白色相间的效果。

4）执行"滤镜"→"模糊"→"高斯模糊"命令，半径值设为 6，使画面柔和。

5）执行"滤镜"→"从灰度新建网格"→"平面"命令，得到如图 6-31 所示的效果。

6）选择对象旋转工具，调整平面模型的位置，如图 6-32 所示。

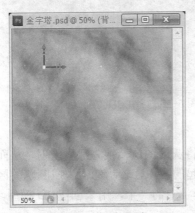

图 6-31　新建平面

图 6-32　调整平面模型的位置

7）新建图层，执行"3D"→"从图层创建形状"→"金字塔"命令，创建"金字塔"模型。

8）选择 3D 相机工具，在工具属性栏的视图下拉列表中选择"背景"，选择视图位置及设置视图后的文档效果如图 6-33 所示。

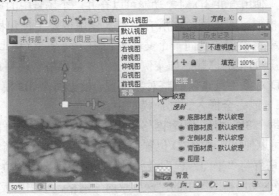

图 6-33　设置相机位置

9）此时"金字塔"模型很大，选择"对象旋转"工具，将其缩小并调整位置，效果如图 6-34 所示。

10）确定"金字塔"图层被选中，单击图层面板右上角的快捷菜单按钮并在弹出的快捷菜单中选择向下合并，合并两个 3D 图层，合并后的文档效果如图 6-35 所示。

11）分别为"金字塔"及"平面"模型编辑金黄色的沙漠材质。

12）新建"图层 1"，置于"背景"层下。

13）新建 3D 明信片。

14）进入 3D 材质面板，将素材中的"沙漠"图片赋予"漫射"纹理，将"背景 01"图片赋予"发光"纹理。

15）最后得到如图 6-30 所示的实例效果，保存文件。

图 6-34　调整金字塔的大小及位置

图 6-35　合并 3D 文档

3．知识点详解

（1）创建 3D 网格　"从灰度新建网格"命令可将灰度图像转换为深度映射，从而将明度值转换为深度不一的表面。较亮的值生成表面上凸起的区域，较暗的值生成凹陷的区域。然后，Photoshop 将深度映射应用于四个可能的几何形状中的一个，用来创建 3D 模型。

1）平面：将深度映射数据应用于平面表面。

2）双面平面：创建两个沿中心轴对称的平面，并将深度映射数据应用于两个平面。

3）圆柱体：从垂直轴中心向外应用深度映射数据。

4）球体：从中心点向外呈放射状地应用深度映射数据。

（2）合并 3D 对象　使用合并 3D 对象功能可以合并一个场景中的多个 3D 模型。合并后，可以单独处理每个 3D 模型，或者同时在所有模型上使用位置工具和相机工具。

合并 3D 对象时需要将模型放到同一个文档窗口中，两个 3D 模型分别拥有各自的图层。首先要匹配两个 3D 图层的相机位置，如实例中，将"金字塔"模型与"平面"模型进行匹配。合并前需要使用 3D 对象工具重新调整对象位置，根据每个 3D 模型的大小，在合并图层后，一个模型可能会部分或完全嵌入到其他模型中。

合并 3D 模型后，每个 3D 文件的所有网格和材质都包含在目标文件中，并显示在 3D 面板中。在"网格"面板中，可以使用其中的 3D 位置工具选择并重新调整各个网格的位置。如图 6-36 所示，实例中的"金字塔"与"平面"模型合并后，两个模型之间的位置并不理想，可以进入 3D 网格面板，选择"平面"网格即图中的"深度映射"网格，单击面板下部的"3D 网格位置"工具🖱，选择其中的网格平移工具，调整平面模型的位置，使两个模型之间的位置协调。

图 6-36　使用 3D 面板中的 3D 网格位置工具调整网格位置

4．课后练习

运用本节所学知识创建如图 6-37 所示的三维场景效果。

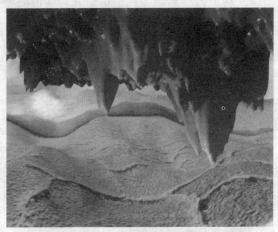

图 6-37　课后练习效果图

解题思路

1）新建文件 500×400 像素。

2）设置前景色为浅灰色，使用"分层云彩"滤镜，得到浅灰度图像。

3）创建 3D 平面，调整平面位置于场景中的底部，作为场景中的地面。

4）新建图层，填充白色，设置前景色为深灰色，使用"分层云彩"滤镜，得到较深的灰度图像。

5）创建 3D 平面，调整平面位置于场景中的顶部，作为下垂的钟乳石效果。

6）复制地面模型，置于底层，调整位置，作为地面的模型的延伸，用以填补地面与钟乳石之间的空白处。

7）分别为钟乳石和地面编辑材质，将素材中的"沙漠 07.jpg"文件赋予地面，形成沙漠效果。

6.2.3　实例三　3D 凸纹

1．本实例所需掌握的知识点

1）创建 3D 凸纹。

2）重新调整凸纹设置。

3）拆分凸纹网格。

4）使用内部约束。

实例效果如图 6-38 所示。

2．操作步骤

图 6-38　实例效果图

1）打开光盘"素材"\"第 6 章"\"海.jpg"文件。

2）选择文本输入工具，设置字体为 Impact，字号 160，灰色。输入文字"CS5"。

3）执行"3D"→"凸纹"→"文本图层"命令，弹出"此文本图层必须栅格化后才能

继续"的对话框，单击"是"按钮。弹出"凸纹"对话框。

4）在"凸纹"对话框中，在"凸纹形状预设"中选择第一种形式，设置突出深度为"3"，单击"确定"按钮，关闭"凸纹"对话框，文档中出现凸纹效果的文字。

5）选择 3D 对象工具，调整文字的角度及位置如图 6-39 所示。

图 6-39　调整文字角度

6）打开 3D 面板，选择"场景"下的"CS5 前膨胀材质"条目。在面板下部，单击"漫射"后面的"图像"图标，在弹出的快捷菜单中选择"载入纹理"项，从打开的对话框中选择素材中的"金属 01"图片，单击"打开"按钮，将素材应用到凸纹文字上，设置凹凸值为"2"。纹理应用的方法，以及纹理应用后凸纹的效果如图 6-40 所示。

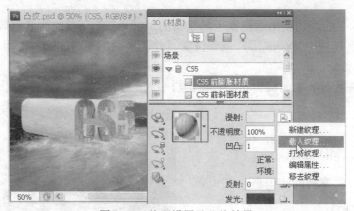

图 6-40　纹理设置及凸纹效果

7）为了增加纹理的凹凸效果，单击"凹凸"后面的纹理映射菜单图标，选择"载入纹理"将素材"金属 01"赋予凹凸纹理。

8）使用同样的方法，在 3D 面板中选择"CS5 凸出材质"条目，将素材中的"金属 02"图像分别赋予"漫射"和"凹凸"纹理，同样设置凹凸值为"2"，效果如图 6-41 所示。

9）选择图层面板，隐藏名称为"CS5"的 3D 图层，选择背景层。

10）选择磁性套索工具，选中与 3D 文字相交的礁石，图层面板及选中的礁石如图 6-42 所示。

11）在选区中单击鼠标右键，从弹出的快捷菜单中选择"通过拷贝的图层"，将选区中的礁石复制到新图层中，图层名称为"图层 1"，将"图层 1"置于"CS5"图层之上，并显示"CS5"图层，结果如图 6-43 所示。

图 6-41　设置漫射纹理和凹凸纹理后的凸纹模型效果

图 6-42　图层面板及选中的礁石

图 6-43　复制礁石并调整图层顺序

12）选择加深工具 ，在凸纹文字与水面相交处涂抹，形成阴影效果，最后得到如图 6-38 所示的实例效果。

3．知识点详解

在 Photoshop 中，"凸纹"命令可以将 2D 对象转换到 3D 网格中，可以在 3D 空间中精确地进行凸出、膨胀和调整位置。可以利用凸纹命令来处理 RGB 图像，如果最初使用的是灰度图像，则凸纹命令可以将其转化为 RGB 图像。凸纹命令不适于处理 CMYK 图像或 Lab 图像。

（1）创建凸纹　准备创建的凸纹图像可以是一个像素选区、一个文本图层、图层蒙版或工作路径。执行"凸纹"命令后，可打开"凸纹"对话框，在该对话框中我们可以通过"网格工具"、"凸纹形状预设"、"凸出"、"膨胀"、"材质"和"场景设置"等选项或工具来设置凸纹模型的效果。

"网格工具"与"凸纹形状预设"如图 6-44 所示，网格工具显示在对话框的左上角，其功能类似于 3D 对象工具，使用这些工具可以在打开"凸纹"对话框的同时调整模型的场景中的位置及大小等。"凸纹形状"为我们提供了多种模型预设，选择一种可将预设直接应用于模型，也可以单击预设右边的小三角按钮 ▶ 来新建或载入凸纹预设。

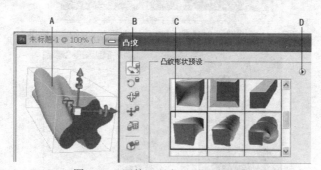

图 6-44　网格工具与凸纹形状预设
A. 设置凸纹后的模型效果　B. 网格工具　C. 凸纹形状预设　D. 新建及载入凸纹预设

"凸出"与"膨胀"如图 6-45 所示，"凸出"设置用于在 3D 空间中展开原来的 2D 形状。"深度"控制凸出的长度；"缩放"控制凸出宽度。为弯曲的凸出选择"弯曲"，或为笔直的凸出选择"切变"，然后设置 X 轴和 Y 轴的角度来控制水平和垂直倾斜，要更改弯曲或切变的原点则单击"参考"图标▒。"膨胀"用于展开或折叠对象前后的中间部分。正角度设置展开，负角度设置折叠。"强度"控制膨胀的程度。

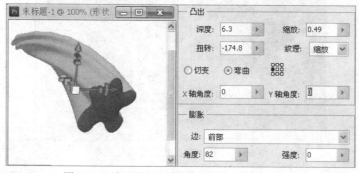

图 6-45　为凸纹设置"凸出"与"膨胀"效果

"材质"与"斜面"如图 6-46 所示，在"凸纹"对话框中对模型材质的编辑很全面，包括"全部"、"前部"、"斜面 1"、"侧面"、"斜面 2"和"背面"。其中"全部"只为模型设置一种材质，其他的 5 个部位可设置模型各个面的材质，其中"斜面 1"用于设置模型前部的斜面材质，"斜面 2"用于设置模型背面的斜面材质。位置"材质"选项下面的"斜面"选项是指在对象的前后应用斜边，只有调整斜面的高度与宽度所设置的斜面材质才可见。"等高线"选项类似于图层效果的选项。

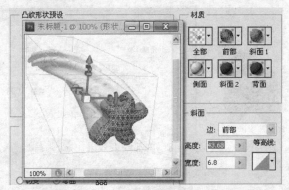

图 6-46　为模型设置材质与斜面效果

材质编辑完成后在 3D 面板中会出现所添加的纹理映射，如图 6-47 所示，在 3D 面板中可进一步为模型编辑不同的材质效果。

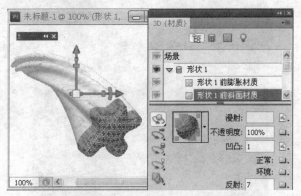

图 6-47　编辑材质后的凸纹模型与 3D 面板

"场景设置"以球面全景照射对象的光源；从"光照"下拉菜单中选取光源的模式。"渲染"设置控制对象表面的外观，较高的"网格品质"设置会增加网格的密度，提高外观品质，但会降低处理速度。

（2）重新调整凸纹设置　模型编辑完成后往往会对所编辑的模型进行重新调整，此时需要选中应用了凸纹的 3D 图层，在图层面板单击鼠标右键，在弹出的快捷菜单中选择"编辑凸纹"或是选择"3D"→"凸纹"→"凸纹"菜单，再次打开"凸纹"对话框即可继续调整凸纹的各项设置。

（3）拆分凸纹网格　当凸纹模型是由多个路径、文本、图层蒙版或是选区所创建时，可通过菜单中的"3D"→"凸纹"→"拆分凸纹网格"命令，将其拆分成多个网格，拆分后的网格可分别对其进行不同形状和材质的编辑。

（4）内部约束　内部约束能够提高特定区域中的网格分辨率，精确地改变膨胀或在表面刺孔。约束曲线沿着凸纹对象中指定的路径远离要扩展的对象进行扩展，或靠近要收缩的对象进行收缩。使用约束工具来处理这些曲线。

　　内部约束的使用方法是：先创建一个凸纹模型，在模型上绘制一个选区，执行"3D"→"凸纹"→"从选区创建约束"命令。打开"凸纹"对话框，如图 6-48 所示，使用对话框底部的"内部约束"工具，配合膨胀参数设置凸纹模型的内部约束效果。

图 6-48　内部约束效果

4．课后练习

　　运用本节所学知识完成如图 6-49 所示的效果。使用素材为"砖墙 01"、"砖墙 02"、"凹凸 01"、"凹凸 02"和"古格遗址 01"。

图 6-49　课后练习效果图

解题思路

1）新建文件，使用"分层云彩命令"制作浅灰色与白色相间的图像。

2）运用灰度图像新建"平面"模型，得到起伏的沙漠效果。

3）输入文字"3D"，执行"凸纹"命令，得到凸纹模型。

4）执行"3D"→"凸纹"→"拆分凸纹网格"命令，将文字模型拆分成两个。

5）运用 6.2.2 中所学的方法，将两个 3D 图层合并。

6）调整好平面模型与文字模型的位置。

7）分别为平面模型和文字模型编辑材质，为文字模型编辑材质时要注意纹理的"编辑属性"的设置及凹凸纹理的使用。

8）将素材"古格遗址 01"作为三维场景的背景图片，并调整图片颜色与场景颜色协调。

9）将 3D 图层"栅格化"，调整场景颜色。保存文件。

6.2.4 小结

本节我们学习了创建多种 3D 模型的方法，其中在一个文档中创建多个模型、创建 3D 凸纹，是创建 3D 模型中的重点内容。将多个不同 3D 图层中的模型合并到一个 3D 图层中是一个较难掌握的知识，只要匹配两个 3D 图层的相机位置，合并前用 3D 对象工具重新调整好各对象位置，就可以成功地合并 3D 对象。

6.3 3D 光源与渲染

6.3.1 实例 灯光布置与渲染

1．本实例所需掌握的知识点

1）了解 3D 光源。
2）设置并添加光源。
3）渲染设置。
实例效果如图 6-50 所示。

图 6-50 实例效果图

2．操作步骤

1）打开光盘"素材"\"第 6 章"\"6.3.1 渲染.3DS"文件。

2）为模型添加木纹材质，将素材中的"高清晰木纹.jpg"图片赋予模型。并设置材质的凹凸、反射、光泽及闪亮等属性。

3）在 3D 面板顶部单击"光源面板"按钮 ，进入 3D 光源面板。

4）单击光源面板底部的"切换叠加"按钮 ，在弹出的快捷菜单中选择"3D 光源"项，使默认的光源在场景中显示。默认光源在场景中的位置如图 6-51 所示。

5）在光源面板上部选择"无限光"条目下的"Infinite Light 1"光源，在面板下部单击"光源旋转工具"按钮 ，在场景中调整光源位置。勾选面板下部的"创建阴影"选项并设置阴影的柔和度为 50%。场景中光源位置及光源面板如图 6-52 所示。

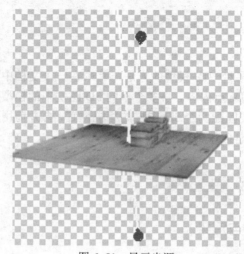

图 6-51   显示光源

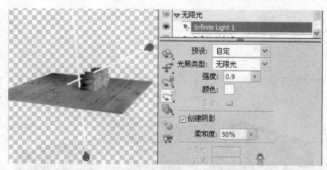

图 6-52   调整光源位置并设置阴影

6）单击面板底部的"添加新光源"按钮 ，在弹出的快捷菜单中选择"新建无限光"按钮，在场景中创建一个新光源，运用上一步骤的方法调整光源的位置。

7）设置新光源的强度为 0.3，并设置阴影效果。新光源的位置及参数设置如图 6-53 所示。

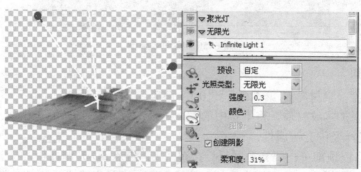

图 6-53   新光源的位置及参数设置

8）选择相机工具 组中的多种工具，调整视图位置，调整后的效果如图 6-54 所示。

9）在面板顶部单击 按钮，进入 3D 场景面板，单击面板下部的 编辑... 按钮，打开"3D 渲染设置"对话框，在表面样式中选择"实色"，勾选"移动背面"项，单击"确定"按钮关闭"渲染设置"对话框。

图 6-54　调整视图位置

10）在 3D 场景面板底部，单击"品质"下拉列表，选择"光线跟踪草图"项，开始渲染草图。

11）观看渲染效果，根据需要调整灯光及材质等属性。全部调整完成后，选择"品质"中的"光线跟踪最终效果"项，渲染最终效果。

12）渲染完成后保存图像。

3．知识点详解

（1）3D 光源设置　3D 光源从不同角度照亮模型，从而添加逼真的深度和阴影。

1）调整光源属性。光源面板的上部列出可创建的光源以及场景中已有的光源，下部列出光源属性及工具，通过对面板中参数的调整可设置光源的多种属性。光源面板如图 6-55 所示。

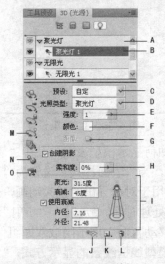

图 6-55　光源面板

A．可创建的光源类型　B．场景中已有的光源　C．预设（应用存储的光源组和设置组）　D．光源类型（可改变场景中的光照类型）　E．强度　F．定义光源颜色　G．图像（当光源类型为"基于图像的光照"时，可在此处为光源设置图像）　H．创建阴影及柔化度（可使光源照射的物体产生阴影效果）　I．设置聚光灯参数　J．切换（可在此处选择是否显示光源）　K．创建新光源　L．删除光源　M．光源位置调整工具组　N．原点处的光源（仅限聚光灯）使光源正对模型中心　O．移到当前视图（将光源置于与相机相同的位置）

2）调整光源位置。场景中的光源默认是隐藏的，显示光源的方法是单击光源面板底部的"切换叠加"按钮 ，通过弹出的快捷菜单可以显示"3D 轴"、"3D 地面"、"3D 光源"及"3D 选区"，单击菜单中的"3D 光源"显示场景中的光源。一般场景中默认有两个无限光源，选择需要调整位置的光源，运用光源位置调整工具 组中的各项工具和原点处的光源工具 及光源对齐相机工具 ，可调整光源至所需位置。

3）添加或删除光源。想要得到预期有光照效果就要为场景添加光源或删除光源，单击光源面板底部的"添加新光源"按钮 可在场景添加"点光源"、"聚光灯"、"无限光"及"基于图像的光源"，其中点光源的参考线显示为小球，聚光灯的参考线显示为锥形，无限光的参考线显示为直线。想要删除光源只需单击面板底部的"删除光源"按钮 即可。

（2）3D 渲染预设　绘制好的 3D 文件需要渲染才能得到逼真的效果。渲染设置决定如何绘制 3D 模型。Photoshop 安装许多带有常见设置的预设。

1）选择渲染预设。进入 3D 场景面板，单击面板下部的"编辑"按钮打开"3D 渲染设置"对话框。在预设下拉列表中有多种渲染预设，如果 Photoshop 提供的预设不能满足我们的预想效果，可通过预设下面的表面样式、边缘样式、顶点样式、体积样式以及立体类型的设置来自定义渲染设置。"3D 渲染设置"对话框如图 6-56 所示。

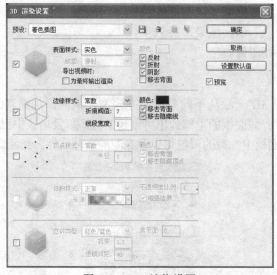

图 6-56　3D 渲染设置

2）表面选项。该选项决定如何显示模型表面。其中"表面样式"下拉列表中包含 8 种样式供选择。在"纹理"选项中，当"表面样式"设置为"未照亮的纹理"时，需要指定纹理映射。在"为最终输出渲染"用于对已导出的视频动画，产生更平滑的阴影和逼真的颜色出血。但是，该选项需要较长的处理时间。"反射"、"折射"、"阴影" 3 个选项用于显示或隐藏"光线跟踪"的渲染功能。"移动背面"用于隐藏双面组件背面的表面。

3）边缘选项。该选项决定模型线框线条的显示方式。"边缘样式"反映用于以上"表面样式"的"常数"、"平滑"、"实色"和"外框"选项。"折痕阈值"调整出现模型中的结构线条数量。当模型中的两个多边形在某个特定角度相接时，会形成一条折痕或线，如果边缘在小于"折痕阈值"设置（0～180）的某个角度相接，则会移动它们形成的线。若设置为 0，则显示整个线框。"线段宽度"指定宽度（以像素为单位）。"移去背面"用于隐藏双面组件背面的边缘。"移去隐藏线"用于移去与前景线条重叠的线条。

4）顶点选项。用于调整顶点的外观（组成线框模型的多边形相交点）。"顶点样式"反映用于以上"表面样式"的"常数"、"平滑"、"实色"和"外框"选项。"半径"决定每个顶点的像素半径。"移去背面"隐藏双面组件背面的顶点。"移去隐藏顶点"移去与前景顶点重叠的顶点。

5）立体选项。立体选项用于调整图像的设置，该图像将透过红蓝色玻璃查看，或打印成包括透镜镜头的对象。"立体类型"为透过彩色玻璃查看的图像指定"红色/蓝色"，或为透镜打印指定"垂直交错"。"视差"调整两个立体相机之间的距离。较高的设置会增大三维深度，但会减小景深，使焦点平面前后的物体呈现在焦点之外。"透镜间距"对于垂直交错的图像，指定"透镜镜头"每英寸包含多少线条数。"焦平面"确定相对于模型外框中心的焦平面的位置。输入负值将平面向前移动，输入正值将其向后移动。

渲染设置是图层特定的，如果文档中包含多个 3D 图层，则要为每个图层分别指定渲染设置。

（3）为最终输出渲染 3D 文件　完成 3D 文件的处理后，可创建最终渲染以产生用于 Web、打印或动画的最高品质输出。最终渲染使用光线跟踪和更高的取样速率以捕捉更逼真的光照和阴影效果。通常情况下会选择"品质"中的"光线跟踪最终效果"输出图像，最终渲染可能需要很长时间，具体取决于 3D 场景中的模型、光照和映射。

1）存储和导出 3D 文件。要保留文件中的 3D 内容，请以 Photoshop 格式或另一受支持的图像模式存储文件。还可以用受支持的 3D 文件格式将 3D 图层导出为文件。

2）导出 3D 图层。可以用以下所有受支持的 3D 格式导出 3D 图层：Collada DAE、Wavefront/OBJ、U3D 和 Google Earth 4KMZ。

选取导出格式时，需考虑以下因素："纹理"图层以所有 3D 文件格式存储；但是 U3D 只保留"漫射"、"环境"和"不透明度"纹理映射。Wavefront/OBJ 格式不存储相机设置、光源和动画。只有 Collada DAE 会存储渲染设置。要导出 3D 图层请选择"3D"→"导出 3D 图层"，打开"存储为"对话框进行相应设置。

要保留 3D 模型的位置、光源、渲染模型和横截面，需要将文件以 PSD、PSB、TIF、或 PDF 格式储存。

4．课后练习

打开光盘"素材"\"第 6 章"\"6.3.1 练习.obj"文件，根据本节所学内容为场景设置灯光效果并渲染。最后效果如图 6-57 所示。

图 6-57　课后练习效果图

解题思路

1）打开光盘"素材"\"第6章"\"6.3.1练习.obj"文件。

2）为茶壶、茶杯和木板编辑材质。

3）显示场景中的光源，并调整光源的位置。

4）添加一盏聚光灯，调整聚光灯的位置使其照射茶壶与茶杯。

5）添加一盏无限灯，调整至茶壶背面作为物体的补光，设置强度为0.2。

6）分别设置灯光参数，为各盏灯创建阴影，并调整柔和度。

7）选择整个场景，并进行渲染。

6.3.2 小结

本节主要学习3D中光源及渲染设置。在3D光源的设置中主要了解光源位置的调整，灯光各参数的设置及添加新光源。在渲染设置中要了解渲染预设中多种预设方法，掌握最后渲染输出的方法。

本 章 总 结

本章我们学习了Photoshop CS5中3D的使用，从绘制物体表面材质、创建3D模型和灯光与渲染3个方面对3D知识进行了详细的介绍。在绘制物体表面材质中要理解材质、纹理与模型的关系，主要掌握"漫射"、"凹凸"、"反射"、"光泽"、"闪亮"几种材质的编辑方法。在创建3D模型中，难点是合并多个3D图层中的模型至一个3D图层中，但只要匹配两个3D图层的相机位置，合并前用3D对象工具重新调整好各对象位置，就可以成功地合并3D对象。在灯光与渲染中重点掌握灯光位置的调整、灯光参数的设置，以及最后的渲染输出。在3D知识的学习中，此3方面的知识要合理运用，才能得到完美的三维效果。对于3D动画方面的知识我们将在第7章中进行学习。

1）了解 Adobe Photoshop CS5 创建视频和动画的制作流程。

2）掌握创建帧动画和时间轴动画的操作步骤。

3）掌握 Adobe Photoshop CS5 设计网页使用的工具及其属性设置。

4）掌握 Adobe Photoshop CS5 制作按钮、网页的方法。

7.1　Adobe Photoshop CS5 的动画与视频

7.1.1　实例一　制作帧动画

1．本实例需掌握的知识点

1）使用 Photoshop CS5 创建帧动画。

2）视频的导入、编辑以及导出。

3）掌握动画面板在帧模式下的功能和控件。

4）掌握创建帧动画的操作步骤。

实例效果如图 7-1 所示。

图 7-1　实例效果图

2．操作步骤

1）执行"文件"→"导入"→"视频帧到图层"命令，载入光盘"素材"\"第 7 章"\"背景.avi"视频文件，在弹出的"将视频导入图层"对话框中单击"确定"按钮，如图 7-2 所示。

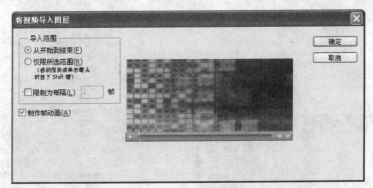

图 7-2　将视频导入图层

2）执行"窗口"→"动画"命令，打开"动画"面板，单击"动画"面板中的第　201

帧，按住<Shift>键，单击"动画"面板中的第 235 帧，单击"动画"面板菜单按钮，执行"删除多帧"命令，在弹出的"Adobe Photoshop CS5"对话框中单击"确定"按钮。

3）单击"动画"面板下方的选择第一个帧按钮，返回到动画的第一帧。

4）执行"窗口"→"图层"命令，打开"图层"面板，单击图层面板上的图层 235，选择工具箱中的文字工具，输入大写字母"P"，设置字体为"Impact"，大小为"100"，颜色为白色。

5）单击"图层"面板下方的"添加图层样式"按钮，为图层"P"添加投影和外发光，外发光的扩展参数设置为 15，大小为 20，此时的动画面板和图层面板效果如图 7-3、图 7-4 所示。

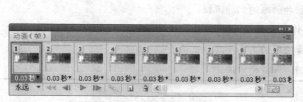

图 7-3　动画面板

图 7-4　图层面板效果

6）拖动图层"P"到"图层"面板下方的"新建"按钮，创建图层"P"的副本，选中图层"P"的副本，选择工具箱中的移动工具，水平右移到合适位置，修改文字内容为"S"。

7）重复步骤 6）的操作，创建图层"视"和图层"频"，此时画面效果如图 7-5 所示。

8）拖动图层"P"到"图层"面板下方的"新建"按钮，创建图层"P"的副本，拖动"外发光"到"图层"面板下方的"删除"按钮，该图层只保留投影图层样式。

9）重复步骤 8）的操作，创建图层"S"、图层"视"和图层"频"的副本，此时图层面板效果如图 7-6 所示。

图 7-5　画面效果

图 7-6　图层面板效果

10）单击"动画"面板中第 1 帧，按住<Shift>键，单击"动画"面板中第 20 帧，显示"图层"面板中图层"P"的副本，隐藏其他文字图层；单击"动画"面板中第 21 帧，按住<Shift>键，单击"动画"面板中第 40 帧，显示"图层"面板中图层"P"副本和图层"S"副本，隐藏其他文字图层。

11）依次操作，第 41 帧至 60 帧，显示图层"P"副本、图层"S"副本和图层"视"副本；第 61 帧至 80 帧，显示图层"P"副本、图层"S"副本、图层"视"副本和图层"频"副本；第 100 帧至 120 帧"，显示图层"P"副本、图层"S"副本、图层"视"副本和图层"频"副本；第 140 帧至 160 帧"，同样显示图层"P"副本、图层"S"副本、图层"视"副本和图层"频"副本；其他帧显示所有文字图层内容。

12）单击"动画"面板下方的 ▶ 按钮，播放动画；单击"动画"面板下方的 ■ 按钮，停止播放。

13）执行"文件"→"导出"→"渲染视频"命令，弹出"渲染视频"对话框，设置名称为"7-1-1.mov"，文件选项为"QuickTime 导出"，单击"渲染"按钮。

14）保存文件。

3．知识点讲解

（1）"动画"面板（帧模式）　执行"窗口"→"动画"命令，打开"动画"面板。在 Photoshop 标准版中，"动画"面板以帧模式出现，显示动画中的每个帧的缩览图。使用面板底部的工具可浏览各个帧，设置循环选项，添加和删除帧以及预览动画，如图 7-7 所示。

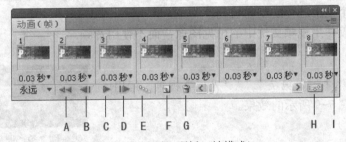

图 7-7　"动画"面板（帧模式）

A．选择第一个帧　B．选择上一个帧　C．播放动画　D．选择下一个帧　E．过渡动画帧　F．复制选定的帧
G．删除选定的帧　H．转换为时间轴模式（仅 Photoshop Extended）　I．"动画"面板菜单

单击"动画"面板菜单按钮 ▤，打开动画菜单，可以对动画帧和面板进行修改，如图 7-8 所示。

（2）帧动画　动画是个过程，用于创建和编辑对象的属性随时间推移而产生的变化。如果形象比喻帧的话，它就是电影胶片上的其中一张，整个动画的播放原理是和放电影一样，它同样是利用人的视觉暂留原理。如果把图片以一定的速度一张张地从眼前经过的话，看上去就好像是一个运动的画面。制作动画的过程也就是将这些静态的图像一张张连续地变化，从而形成动画。

1）创建帧动画。通过"动画"和"图层"面板可以制作精美的动态图像，用于网页和媒体宣传。一般是将动画的各静态部分分别放到不同的层上，制作出若干个图层后，选择动画帧，再设置"图层"面板上相关内容的显示/隐藏，来创建动画。

2）保存动画。考虑到 GIF 格式能保证图像一定的显示质量，而且文件的体积较小，可以将动画存储为 GIF 文件以便在 Web 上观看（当前网页中的动画多数采用 GIF 格式）。执行"文件"→"将优化结果存储为"命令，弹出"将优化结果存储为"保存对话框，保存类型要选择为"仅限图像（*.gif）"，设置选项为"默认设置"。

在 Photoshop Extended 中，执行"文件"→"导出"→"渲染视频"命令，可以导出视频文件或图像序列，例如：导出 QuickTime 文件、导出 3G 文件、导出 FLC 文件、导出 AVI 视频、导出 DV 以及导出 MPEG-4 等。

（3）Photoshop 视频　Photoshop 导入视频依赖于 QuickTime 技术，可以打开视频文件格式和图像序列如：MPEG-1（.mpg 或.mpeg），MPEG-4（.mp4 或.m4v），MOV，AVI，如果计算机上已安装 MPEG-2 编码器，则支持 MPEG-2 格式。

Photoshop Extended 可以编辑视频的各个帧和图像序列文件。

图 7-8　"动画"菜单

除了使用任一 Photoshop 工具在视频上进行编辑和绘制以外，还可以应用滤镜、蒙版、变换、图层样式和混合模式。进行编辑之后，可以将文档存储为 PSD 文件（该文件可以在其他类似于 Premiere Pro 和 After Effects 这样的 Adobe 应用程序中播放，或在其他应用程序中作为静态文件访问），也可以将文档作为 QuickTime 影片或图像序列进行渲染。

在 Photoshop Extended 中打开视频文件或图像序列时，帧将包含在视频图层中。在"图层"面板中，用"连环缩览幻灯胶片"图标█标识视频图层。视频图层可让您使用画笔工具和图章工具在各个帧上进行绘制和仿制。

注意：可以仅使用视频文件中的可见图像，而不使用音频。

4．课后练习

载入光盘"素材"\"第 7 章"\"光点"视频，运用所学知识，完成如图 7-9 所示的效果。

解题思路

图 7-9　课后练习效果图

1）载入视频素材。

2）使用文字工具分别创建文字图层"闪"、"亮"、"登"、"场"，应用外发光图层样式。

3）在"动画"面板第 1 帧至 10 帧，显示图层"闪"；第 11 帧至 20 帧，显示图层"闪"和"亮"；第 21 帧至 30 帧，显示图层"闪"、"亮"和"登"；第 31 帧至 40 帧，显示所有的文字图层。

4）执行"文件"→"将优化结果存储为"命令，保存 GIF 格式文件。

7.1.2　实例二　制作时间轴动画

1．本实例需掌握的知识点

1）掌握动画面板在时间轴模式下的功能和控件。

2）掌握 Photoshop CS5 创建时间轴动画的操作步骤。

3）掌握动画的存储。

实例效果如图 7-10 所示。

2. 操作步骤

1）新建文件。执行"文件"→"新建"命令，弹出"新建"对话框，文件名称设置为"地球旋转"，大小设置为 300×300 像素，分辨率为 72，背景内容为透明，单击"确定"按钮。

图 7-10　实例效果图

2）执行"窗口"→"图层"命令（或按<F7>键），调出"图层"面板，单击"图层"面板下方的"创建新图层"按钮 ⌐，添加新的图层。

3）执行"3D"→"从图层新建形状"→"球体"命令，此时在文件视图中出现球体。

4）执行"窗口"→"3D"命令，在弹出的"3D 材质"窗口中单击一下"球体材质"，再单击漫射右侧的"编辑漫射纹理"按钮 ⌐，单击"载入纹理"，打开光盘"素材"\"第 7 章"\"World.jpg"文件，此时文件视图窗口和 3D 材质窗口效果如图 7-11 所示。

5）执行"窗口"→"动画"命令，打开"动画"面板，单击"动画"面板菜单按钮 ▾≡，执行"文档设置"命令，在弹出的"文档时间轴设置"对话框中，将持续时间设置为 5s，效果如图 7-12 所示。

图 7-11　文件视图窗口和 3D 材质窗口效果图

图 7-12　"文档时间轴设置"对话框

6）单击"动画"面板"图层 2"前的小三角 ▷，打开设置选项，单击"3D 对像位置"前面的小时钟，在时间指针上自动添加了一个关键帧。

7）选择工具箱中的对象旋转工具 ◔，在其工具属性栏上，将方向设置为：x=0，y=0，z=0。

8）拖动当前时间指示器按钮 ▽ 到 01:00s 处，将方向 z 输入-150 后按<Enter>键，出现了第二个关键帧，时间轴效果如图 7-13 所示。

图 7-13　时间轴 01:00s 处设置

207

9）拖动当前时间指示器按钮 到 03:00s 处，将方向 z 输入-400 后按<Enter>键，出现了第三个关键帧，拖动当前时间指示器按钮 到 05:00s 处，将方向 z 输入-750 后按<Enter>键，出现了第四个关键帧，此时时间轴效果如图 7-14 所示。

图 7-14　时间轴设置

10）保存文件。

11）执行"文件"→"导出"→"渲染视频"命令，弹出"渲染视频"对话框，单击 QuickTime 导出右侧的下拉按钮，选择"AVI"，单击"渲染"按钮。

3．知识点讲解

（1）"动画"面板（时间轴模式）　在 Photoshop Extended 中，时间轴模式显示文档图层的帧持续时间和动画属性。使用面板底部的工具可浏览各个帧，放大或缩小时间显示，切换洋葱皮模式，删除关键帧和预览视频。可以使用时间轴上自身的控件调整图层的帧持续时间，设置图层属性的关键帧并将视频的某一部分指定为工作区域。时间轴模式下的"动画"面板如图 7-15 所示。

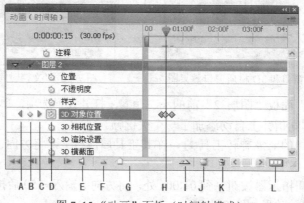

图 7-15　"动画"面板（时间轴模式）

A．转到上一个关键帧　B．在当前时间添加或删除关键帧　C．转到下一个关键帧　D．时间-变化秒表　E．启用音频播放
F．缩小　G．缩放滑块　H．当前时间指示器　I．放大　J．切换洋葱皮　K．删除关键帧　L．转换为帧动画

（2）时间轴动画　利用时间轴制作动画的方式广泛运用在许多影视制作软件中，如 Premiere、AfterEffects 等，包括 Flash 也是采用这种方式。

1）时间轴动画工作流程（Photoshop Extended）：要在时间轴模式中对图层内容进行动画处理，应在将当前时间指示器移动到其他时间/帧上时，在"动画"面板中设置关键帧，然后修改该图层内容的位置、不透明度或样式。Photoshop 将自动在两个现有帧之间添加或修改一系列帧，通过均匀改变新帧之间的图层属性（位置、不透明度和样式）以创建运动或变换的显示效果。例如，如果要淡出图层，请在起始帧中将该图层的不透明度设置为 100%，并在"动画"面板中单击该图层的"不透明度"秒表。然后，将当前时间指示器移动到结束帧对应的时间/帧，并将同一图层的不透明度设置为 0%。Photoshop Extended 会自动在起始帧和结束帧之间通过插值方法插入帧，并在新帧之间均匀地减少图层的不透明度。除了让 Photoshop 在动画中通过插值方法插入帧外，还可以通过在空白视频图层上进行绘制来创建手绘逐帧动画。

2）指定时间轴持续时间和帧速率（Photoshop Extended）：执行"动画"面板菜单中选取"文档设置"，然后输入或选择"持续时间"和"帧速率"的值。

在时间轴模式中工作时，可以指定包含视频或动画的文档的持续时间或帧速率。持续时间是视频剪辑的整体时长（从指定的第一帧到最后一帧）。帧速率或每秒的帧数（fps）通常由生成的输出类型决定：NTSC 视频的帧速率为 29.97 fps；PAL 视频的帧速率为 25 fps；而电影胶片的帧速率为 24 fps。根据广播系统的不同，DVD 视频的帧速率可以与 NTSC 视频或 PAL 视频的帧速率相同，也可以为 23.976。通常，用于 CD-ROM 或 Web 的视频的帧速率介于 10～15 fps 之间。

在创建新文档时，默认的时间轴持续时间为 10s。帧速率取决于选定的文档预设。对于非视频预设（如国际标准纸张），默认速率为 30 fps。对于视频预设，速率为 25 fps（针对 PAL）和 29.97 fps（针对 NTSC）。

3）置入视频或图像序列（Photoshop Extended）：执行"文件"→"置入"命令，将视频或图像序列导入文档中，同时可以进行变换。一旦置入，视频帧就包含在智能对象中。当视频包含在智能对象中时，可以使用"动画"面板浏览各个帧，也可以应用智能滤镜。

4）切换动画模式：单击"转换为帧动画"图标▢▢▢或单击"转换为时间轴动画"图标▧▧▧，进行动画模式切换。

理想情况下，在启动动画之前，应选择所需的模式；也可以在打开的文档中切换动画模式，将帧动画转换为时间轴动画，或将时间轴动画转换为帧动画。应注意，在将时间轴动画转换为帧动画时，可能会丢失一些通过插值方法插入的关键帧。但动画外观不会有变化。

5）导出视频文件或图像序列：执行"文件"→"渲染视频"命令，在"渲染视频"对话框中，输入视频或图像序列的名称；单击"选择文件夹"按钮，并浏览到用于导出文件的位置。要创建一个文件夹以包含导出的文件，请选择"创建新子文件夹"选项并输入该子文件夹的名称。在"文件选项"下，选择"QuickTime 导出"或"图像序列"。然后从弹出式菜单中选取文件格式。QuickTime 导出文件格式如下。

① 3G：一种为第三代移动设备开发的文件格式。

② FLC：一种动画格式，用于在工作站、Windows 和 Mac OS 上回放计算机生成的动画。此格式也称为 FLI。

③ Flash 视频（FLV）：Adobe® Flash®视频是用于对 Web 和其他网站上的音频和视频进行流处理的 Adobe 格式。（要使用该格式，必须首先安装 FLV QuickTime 编码器）。

④ QuickTime 影片：包含大量编码解码器的 Apple Computer 多媒体体系结构。（要导出音频，必须使用该格式。）

⑤ AVI：Audio Video Interleave（AVI）是一种适用于 Windows 计算机上的音频和视频数

据的标准格式。

⑥ DV 流：一种带有帧内压缩的视频格式，可使用 FireWire（IEEE 1394）接口将视频传输到非线性编辑系统。

⑦ 图像序列：一个静止图像的序列，可以驻留在一个文件夹中并使用相同的数字或字母文件名模式（如 Sequence1、Sequence2、Sequence3，依此类推）。

⑧ MPEG-4：一种多媒体标准，适用于在一个带宽范围内传送音频流和视频流。

除此之外，Photoshop 还支持其他第三方格式，如 Avid AVR 编码解码器；不过，必须安装必需的 QuickTime 编码解码器。

4．课后练习

打开光盘 "素材" \ "第 7 章" \ "格子.jpg" 文件，制作魔方旋转动画，效果如图 7-16 所示。

解题思路

1）执行 "3D" → "从图层新建形状" → "立体环绕" 命令，生成一个魔方。

2）执行 "窗口" → "动画" 命令，打开 "动画" 面板，单击 "动画" 面板菜单按钮 ，执行 "文档设置" 命令，在弹出的 "文档时间轴控制" 对话框中将持续时间设置为 3s。

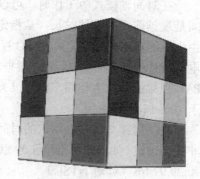

图 7-16　课后练习效果图

3）拖动当前时间指示器按钮 到 03:00s 处，选择工具箱中的对象旋转工具 ，拖拽魔方，改变 xyz 方向值。

4）执行 "文件" → "导出" → "渲染视频" 命令，对动画进行渲染。

7.1.3　小结

本节主要学习使用 Adobe Photoshop CS5 创建帧动画和时间轴动画的方法；熟悉在不同模式下的动画面板功能和控件显得尤其重要。两种动画制作的操作步骤是我们学习的重点；同时在 PS 高版本中视频文件的应用越来越重要。希望通过学习本节内容，能熟练掌握视频和动画的设置，制作出实际需要的动画。

7.2　Adobe Photoshop CS5 网页

7.2.1　实例　制作网页按钮

1．本实例需掌握的知识点

1）掌握 Adobe Photoshop CS5 创建按钮的方法。

2）熟练掌握切片工具的设置以及应用。

3）保存网页文件和图像。

实例效果如图 7-17 所示。

图 7-17　实例效果图

2．操作步骤

1）新建文件 800×100 像素。

2）选择工具箱中的渐变填充工具 ，单击工具属性栏上的 ，打开"渐变编辑"对话框，编辑渐变色，设置左侧的色标值为"#FF66FF"，右侧的色标值为"#FFFFFF"。

3）选择渐变形式 ，填充图层，此时图层面板如图 7-18 所示。

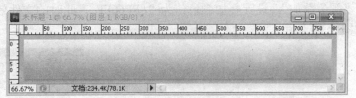

图 7-18　填充背景

4）单击图层面板下方的"创建新图层"按钮 ，创建"图层 2"。

5）执行"视图"→"标尺"命令，选择工具箱中的 工具，在标尺的任意位置上单击鼠标右键，选择"像素"，将标尺的显示单位设置为"像素"，拖拽水平标尺创建水平参考线，拖拽垂直标尺创建垂直参考线，生成参考线位置如图 7-19 所示。

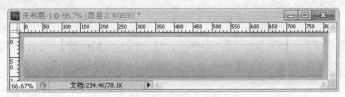

图 7-19　创建参考线

6）选择"图层 2"，设置前景色为黑色，选择工具箱中的圆角矩形工具 ，工具属性栏中的绘图方式选择第 3 种"填充像素"，半径为 20，在"图层 2"中绘制图形，图形的大小和位置如图 7-20 所示。

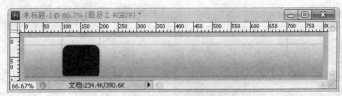

图 7-20　绘制按钮的基本形状

7）执行"窗口"→"样式"命令，弹出"样式"窗口，单击"样式"窗口右上角的小三角按钮，从弹出的快捷菜单中选择"Web 样式"项，打开名称为"Adobe Photoshop"的样式替换对话框，单击"确定"按钮，此时"Web 样式"项显示在窗口中。

8）确认当前选择的是"图层 2"，选择"样式"窗口中如图 7-21 所示的"透明胶体"样式，

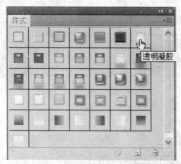

图 7-21　选择"透明胶体"样式

9）单击"图层"面板中"图层 2"右边的小三角按钮，在调板中显示图层效果，删除"光泽"效果，双击"颜色叠加"，设置叠加颜色值为"#FF66FF"，此时的文件效果如图 7-22 所示，图层面板如图 7-23 所示。

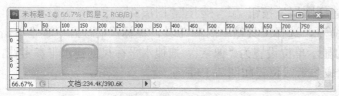

图 7-22　文件效果

图 7-23　图层面板

10）选择"图层 2"，单击工具箱中的 工具，按住<Alt>键，向右拖拽圆角矩形，复制"图层 2"并改变对象的位置，连续操作 5 次，此时的文件效果如图 7-24 所示，图层面板如图 7-25 所示。

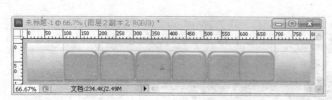

图 7-24　多个按钮的文件效果

图 7-25　图层 2 面板

11）选择"图层 2"，按住<Shift>键，单击"图层 2 副本 5"，选中 6 个连续图层，单击"图层面板"下方的"链接"按钮 ，链接图层。选择工具箱中的 工具，单击工具属性栏上的"垂直居中对齐"按钮 和"水平居中对齐"按钮 ，将所有按钮对齐。

12）将"图层 2 副本"至"图层 2 副本 5"6 个图层合并为 1 个图层。

13）选择工具箱中的 T 工具，设置工具属性栏上的字体为"黑体"，字体大小为"28 点"，字体颜色值为"#FAFA00"，输入文字"拉手网美团网窝窝团糯米网满座网聚齐网"，调整文字位置，为文字图层添加投影样式。效果如图 7-26 所示。

14）将"图层 2 副本 5"与后面创建的文字图层合并，效果如图 7-27 所示。

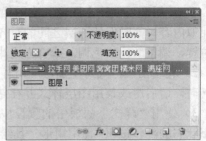

图 7-26　输入文字　　　　　　　　　　图 7-27　合并后的图层面板

15）单击工具箱中的"切片"工具，参考每个按钮的大小创建切片，文件效果如图 7-28 所示。

16）选择工具箱中的"切片选择"工具，单击选择切片 03，双击鼠标左键弹出"切片选项"对话框"，在 URL 右侧输入"http://www.lashou.com"，在目标右侧输入"_blank"，在 Alt 标记右侧输入"团购网"。"切片选项"对话框设置如图 7-29 所示。

图 7-28　创建切片　　　　　　　　　　图 7-29　"切片选项"对话框

17）选择工具箱中的"切片选择"工具，双击切片 04，在其"切片选项"对话框中，URL 输入"http://www.meituan.com"；依次操作，切片 05，设置 URL 输入"http://dalian.55tuan.com"；切片 06，设置 URL 输入"http://www.nuomi.com"；切片 07，设置 URL 输入"http://www.manzuo.com"；切片 08，设置 URL 输入"http://www.juqi.com"。

18）执行"文件"→"将优化结果存储为"命令，弹出"将优化结果存储为"保存对话框，保存类型要选择为"HTML 和图像"，设置选项为"默认设置"，切片选项为"所有切片"。文件名为 7.2.1.html（文件名不要使用中文），保存的位置是"第 7 章"文件夹中效果图位置，也可自行更改。单击"确定"按钮，弹出警告框，提示文件名兼容性问题，可不必理会，单击"确定"按钮即可。

3. 知识点详解

（1）创建按钮　在 Photoshop 创建和制作按钮过程中，想要得到精美的图像，其关键在于使用多种工具创建按钮的形状和灵活应用"图层样式"。在"样式"面板中已经提供了一些预定义的图层样式，使用起来比较方便，也可以进行修改，就按钮设计而言，此面板比较适用。

要创建翻转按钮，至少需要两个图像：主图像表示处于正常状态的按钮图像，而次图像表示处于更改状态的按钮图像。Photoshop 提供了许多用于创建翻转按钮的有用工具。

1）使用图层创建主图像和次图像。在一个图层上创建内容，然后复制并编辑图层以创建相似内容，同时保持图层之间的对齐。当创建翻转效果时，可以更改图层的样式、可见性或位置，调整颜色或色调，或者应用滤镜效果。

2）利用图层样式对主图层应用各种效果，如颜色叠加、投影、发光或浮雕。若要创建翻转时，请启用或禁用图层样式并存储处于每种状态下的图像。

3）使用"样式"面板中的预设按钮样式快速创建具有正常状态、鼠标移过状态和鼠标按下状态的翻转按钮。使用矩形工具绘制基本形状，并应用样式以自动将该矩形转换为按钮。然后复制图层并应用其他预设样式以创建其他按钮状态。将每个图层存储为单独的图像以创建完成的翻转按钮组。

在 Photoshop 中创建翻转按钮各个状态之后，使用 Dreamweaver 或 Flash 等软件将这些图像置入网页中并自动为翻转动作添加 JavaScript 代码。

（2）切片工具　切片将图像划分为若干较小的图像，这些图像可在 Web 页上重新组合。通过划分图像，可以指定不同的 URL 链接以创建页面导航，或使用其自身的优化设置对图像的每个部分进行优化。

1）创建切片。选择切片工具，将切片工具的刀尖放置在要切的图像部分的左上角，向下和向右拖拽鼠标，直到形成的切片矩形框包括了所要选择的部分，要确保切片边界精确和图像边界重合，不可留下缝隙。使用切片工具创建的切片称为用户切片；通过图层创建的切片称为基于图层的切片。当您创建新的用户切片或基于图层的切片时，将会生成附加自动切片来占据图像的其余区域。换句话说，自动切片填充图像中用户切片或基于图层的切片未定义的空间。每次添加或编辑用户切片或基于图层的切片时，都会重新生成自动切片。

2）使用"切片选择"工具，可以对切片进行选择、移动、调整、对齐、复制、删除等操作。单击工具属性栏上的"为当前切片设置选项"按钮，打开"切片选项"对话框，如图 7-30 所示。

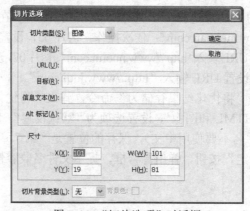

图 7-30　"切片选项"对话框

①URL：为切片指定 URL 可使整个切片区域成为所生成 Web 页中的链接。当用户单击链接时，Web 浏览器会导航到指定的 URL 和目标框架。该选项只可用于"图像"切片。在"切片选项"对话框的"URL"文本框中输入 URL，可以输入相对 URL 或绝对 URL。如果输入绝对 URL，则一定要包括正确的协议（例如，http://www.163.com 而不是 www.163.com）。

②目标：在"目标"文本框中输入目标框架的名称。_blank：在新窗口中显示链接文件，同时保持原始浏览器窗口为打开状态。_self：在原始文件的同一框架中显示链接文件。_parent：在自己的原始父框架组中显示链接文件。_top：用链接的文件替换整个浏览器窗口，移去当前所有帧。

③信息文本：输入信息文本，框中的内容是在网络浏览器中，将鼠标移至该切片时，在状态栏弹出显示的内容。

④ALT 标记：指定选定切片的 ALT 标记。ALT 文本出现，取代非图形浏览器中的切片图像。ALT 文本还在图像下载过程中取代图像，并在一些浏览器中作为工具提示出现。

（3）保存网页文件和图像　在进行网页创建和利用网络传送图像时，要考虑网络的传输速度，要保证一定的显示质量，所以应尽可能减小图像文件的大小。当前常见的 Web 图像格式有 3 种：JPG 格式、GIF 格式、PNG 格式，大多采用 JPG 和 GIF 格式，而 PNG 格式虽然优点很多，但保存的图像一般都很大，因此很少被使用。

执行"文件"→"将优化结果存储为"命令，弹出"将优化结果存储为"保存对话框，保存类型要选择为"HTML 和图像"，设置选项为"默认设置"，切片选项为"所有切片"，单击"确定"按钮即可。在指定的目录中会产生一个.html 文件和一个 images 目录，如果要移动目录位置必须两者一起移动，否则图片无法在网页中显示。因为网页文件并不能包含图片，图片存放在 images 目录中。

4．课后练习

打开光盘"素材"\"第 7 章"\"搜索.jpg"图片，运用切片工具并进行恰当的设置，完成效果如图 7-31 所示。

解题思路

1）选择切片工具在 3 个搜索 LOGO 位置创建切片，切片名称分别为搜索_03、搜索_07、搜索_10。

2）利用选择切片工具对切片进行选择设置，主要设置三个切片的 URL 分别为"http://www.baidu.com，http://www.google.com.hk，http://www.youdao.com"。

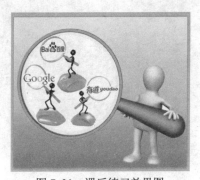

图 7-31　课后练习效果图

3）执行"文件"→"将优化结果存储为"命令，保存类型要选择为"HTML 和图像"，得到最后效果。

7.2.2　小结

本节主要学习使用 Photoshop 设计制作网页，贯穿本节的主要知识点是按钮的制作、创建和设置切片。不同以往版本，实现按钮的翻转还需借助 Dreamweaver 或 Flash 等软件设置添加 JavaScript 代码。另外，使用 Adobe Bridge 创建 Web 照片画廊，从而通过使用各种具有专业外观的模板将一组图像快速转变为交互网站。

本 章 总 结

通过本章的学习，我们了解了 Adobe Photoshop CS5 设计网页的流程；掌握 Adobe Photoshop CS5 制作按钮、网页、动画的制作方法。从学习过程中，不难看出，Photoshop CS5 的功能越来越强大，在动画部分，新增加了时间轴动画，结合原来的帧动画，基本上能满足动画制作者的需求；视频的导入，为我们的动画增色不少。在网页的设计方面不减以往，灵活应用切片工具，能让我们的网页随心跳转。希望大家学习本章之后，能不断实践操作，制作出更多精美的网页，新颖的动画。

第 8 章 综合项目实训

学 习 目 标

1）了解标志的概念、功能、分类及设计流程。

2）了解包装概念、分类及设计方法。

3）了解广告概念、分类及设计应用。

4）掌握室内设计效果图的后期处理。

5）掌握摄影作品的后期处理的方法。

6）通过项目实训，灵活掌握 Photoshop 的使用方法，提高实际操作能力。

8.1 项目一 标志设计

8.1.1 项目分析

1. 本项目需掌握的专业知识

（1）标志的概念　标志是一种具有象征性的大众传播符号，它以精练的形象表达一定的涵义，并借助人们的符号识别、联想等思维能力，传达特定的信息。

（2）标志的分类

广义分类。包括所有通过视觉、触觉、听觉所识别的各种识别符号。

狭义分类。以视觉形象为载体，代表某种特定事物内容的符号式象征图案。根据标志所代表内容的性质，以及标志的使用功能，可将标志分为 5 类。

1）地域、国家、党派、团体、组织、机构、行业、专业、个人类标志。

2）庆典、节日、会议、展览、活动类标志。

3）公益场所、公共交通、社会服务、公众安全等方面的说明、指令类标志。

4）公司、商店、宾馆、餐饮等企业类标志。

5）产品、商品类标志。

1、2、3 为非商业类标志，4、5 由于涉及商品的生产和流通活动，属于商业类标志。

（3）标志的功能　标志的标准符号性质，决定了标志的主要功能是象征性、代表性。在人们的心理上，习惯于将某一标志与其所象征和代表事物的信用、声誉、性质、规模等信息内容联系起来。

信誉保证。商标代表了商品生产、经营企业的信誉，是商品质量的保证。

区分事物。商标在视觉图形上的个性化特征，成为消费者选择和购买商品时的重要依据。

宣传工具。对于商品及商品的生产和销售企业而言，商标本身就具有广告作用。同时也有利于强化商品和企业的品牌地位，增加其商品对市场的占有率。尤其在现代企业经营策略的"CI"理念中，更强调以商标为核心，构建完整的企业形象识别体系。企业可以以商标为工具，通过创立著名品牌扩大商标的知名度，提高商标的美誉度，从而使商标在激烈的市场竞争中，能够起到无声的产品推销员的促销作用。

监督质量。商标的信誉是建立在商品质量基础之上的。商品质量的好坏，将直接影响商品的信誉和企业的形象。因此商标具有监督商品质量，促进优质商品生产进一步发展，制约劣质和过时商品生产的作用。商标的这种监督质量的功能，可迫使商品的生产者为了维护商标的信誉，必须持续不断地努力提高产品的质量及服务质量，并不断地开发出受消费者欢迎的新产品。

维护权益。在市场经营活动中，品牌本身就是一种无形资产。商标的知名度、美誉度越高，商标的含金量也就越高。在市场竞争的规则中，商品的生产企业，可通过注册商标的专用权，有效地维护其企业和商品已经取得的声誉、地位；企业可以注册商标为依据，利用有关商标的法律，保护企业的合法权益和应得的经济利益不受损害。

装饰美化。标志具有装饰和美化的功能，这一功能在商标的使用中尤为显著。商标在商品包装造型的整体设计中，是一个不可缺少的部分。形式优美的商标可起到"画龙点睛"的作用。对于社会而言，对标志的审美和设计水平，既可反映出一个国家、地区的文化传统和社会意识，也能从侧面反映出一个国家、地区的艺术设计水平。

2. 实例分析——"依克丽尔中介公司"

"依克丽尔中介公司"标志如图 8-1 所示。

图 8-1　实例效果图

"依克丽尔中介公司"标志设计内涵如下。

"依克丽尔中介公司"的职能是做"企业"与"人才"的桥梁。标志主体形象为两个牵手的人，代表着"企业"与"人才"，中间两个人牵手处的英文字母"YKLR"为"依克丽尔"的拼音缩写。字母下面的红色曲线代表"依克丽尔"公司，服务于企业和人才之间，是企业和人才之间的纽带与桥梁。"企业"与"人才"通过"依克丽尔中介公司"组成一个房屋。"房屋"是遮风避雨的地方，这里寓意为"企业"与"人才"通过"依克丽尔"公司达到各自共同的愿望，组成一个温暖、平安的港湾。

标志的主体颜色为红色，暗喻"公司"、"企业"和"人才"的前景广阔，一片光明。

8.1.2　项目操作过程

制作思路：路径工具组、路径面板的灵活使用。

1) 新建 80mm×80mm，分辨率为 72 像素/英寸的文件。

2）分别设定 4 条参考线，参考线的位置分别为：第一条于水平 10mm 处，第二、三、四条，分别于垂直 25mm、40mm、55mm 处。参考线的位置如图 8-2 所示。

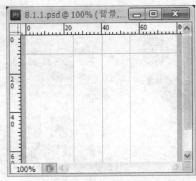

图 8-2　参考线的位置

3）选择工具箱中的椭圆工具 ，设定前景色为红色，设置其绘制形式为"从中心"绘制。按<Shift>键在参考线的交差处绘制一个正圆作为"人"的头部。图层面板中自动生成新图层名为"形状 1"的新图层。

4）复制正圆，移动到参考线的第三个交叉点处，此时画面及图层面板如图 8-3 所示。

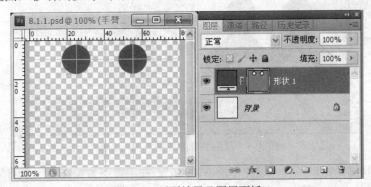

图 8-3　画面效果及图层面板

5）选择"圆角矩形"工具 ，在工具属性栏中设置其半径为 20，绘制圆角矩形作为"人"的手臂，同时生成新的图层，名称为"形状 2"。为手臂添加"描边"效果，描边颜色为白色，像素为 2。手臂效果及图层面板如图 8-4 所示。

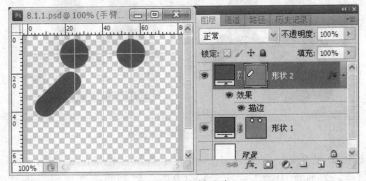

图 8-4　绘制手臂

6）复制一个新的圆角矩形生成图层"形状 2 副本 1"，调整其位置，此时的画面效果如图 8-5 所示。

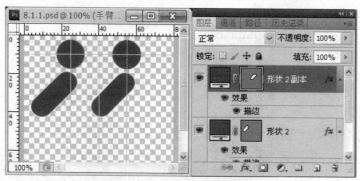

图 8-5　复制手臂并调整位置

7）复制人物的另外两条手臂，调整位置，并根据手臂前后顺序调整图层顺序。分别为四条手臂命名，去掉"手臂 2"的"描边"效果，效果如图 8-6 所示。

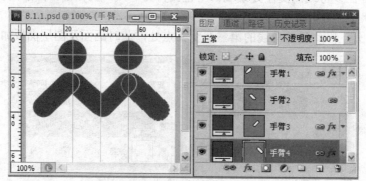

图 8-6　四条手臂的效果及图层面板

8）继续选择圆角矩形工具，设置半径值为"5"。在手臂下方绘制第一个圆角矩形，按下工具属性栏中的"从当前形状减去"按钮，在第一个圆角矩形上绘制第二个圆角矩形，形成一半的曲线。复制曲线图层，水平翻转，并调整其位置，形成完整曲线，最后效果如图 8-7 所示。

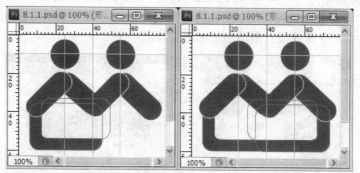

图 8-7　绘制曲线效果

9）选择工具箱中的"文字"工具 **T**，设置工具属性栏中的字体为"Arial Black"，字号为 24，颜色为黑色。在画面中输入文字"YKLR"，复制两个文字层，调整中间文字层的文字颜色为白色，底层文字的颜色为灰色，最后得到如图 8-1 所示的标识效果。

8.1.3 课后练习

图 8-8 为大连开发区职业中专的标识设计。

图 8-8 课后练习效果图

1. 设计分析

图中的三片树叶代表职业学校的办学特色，可以培养多种类型的职业人才，树叶的形状由小到大，寓意着学校的发展逐渐强大，同时表现学校"以服务为宗旨，以就业为导向"的办学方向。后面的蓝色弧线为港湾代表该职业学校，寓意为培养人才的港湾，体现学校"一切为了未来，为学生终生负责"的办学理念，同时也点明该学校的地理位置——大连。整体颜色为蓝色，主体图形为圆形，代表学校的整体氛围"宁静、和谐、团结"同时体现"人正、志远、学勤、业精"的校训精神，蓝色也代表大海的颜色，体现一种博大宽广的精神。

圆形图案的上方为学校的名字"大连开发区职业中专"，下方为网址 http://dkzz.net。

2. 制作分析

1）使用路径工具绘制树叶的基本形状，并为路径填充颜色。

2）设置画笔，用画笔描边路径，形成树叶的叶脉。

3）使用形状工具绘制弧线（港湾）。

4）使用形状工具绘制多个圆形线，并使其对齐。

5）绘制圆形路径，用沿路径输入文字的方法输入文字。

8.2 项目二 洗衣粉包装设计

8.2.1 项目分析

1. 本项目需掌握的专业知识

1）包装设计要注意的问题。包装相对于其他的平面设计要多考虑一个材质选择的问题，设计者可以根据客户的需求、和产品的档次选择塑料、铝箔、编织袋等材料。

2）包装设计要和客户沟通印刷成本，有时为了节约成本，客户可能会要求采取单色或双色进行设计。咨询客户是否愿意增加覆膜、UV、上光、磨砂、皱纹、起凸、冰花、压纹、烫金等工艺成本。

3）包装设计时从以下几方面着手。

① 一定要有包装效果图和包装展开图。效果图用于给客户比稿，展开图用于印刷。

② 包装效果图的设计，首先考虑的是实用性和方便性，然后才是美观，当然材料是非常重要的，一定要和客户沟通好，包括是哪种印刷方式也要在这一步确定。接下来要根据产品选择适合的主色调和图片。确定好包装的立体形状。

③ 包装展开图最需要注重的是严谨和精细，颜色和尺寸不能有丝毫的偏差。最后要标记出刀模线的位置。

2. 实例分析——洗衣粉包装设计

"洁奥洗衣粉"包装设计效果图如图 8-9 和图 8-10 所示。

图 8-9　实例平面效果图

图 8-10　实例立体效果图

"洗衣粉包装"设计分析如下。

包装决定了消费者对产品最直观的印象，设计贴合实际就显得非常重要。我们在设计的过程中一定要注意产品的用途、功效，多听取客户的建议。这款洗衣粉的生产商想要在包装上体现产品更高效省时的洗衣理念。

对于清洁类产品，往往采用蓝绿等冷色调的设计，给人以干净清新之感。为了表现高效快速洗衣，在构图上加入了白色光线旋转的元素。

为了加强清洁体验，加入矢量漫画风格的晾晒衣物，为了展示清新香味加入矢量漫画风格的百合花元素。

8.2.2　项目操作过程

1）新建文件 36cm×24cm，分辨率为 72 像素/英寸，模式为 RGB 颜色，背景为白色。将文件保存为"洗衣粉包装.psd"格式。

2）为背景填充线性渐变，颜色为#1e13e8，#39d2e4，26f164。

3）新建一个图层，把前景色切换成白色，选择渐变编辑器里的"透明条纹渐变"，在属性栏里选择角度渐变，从中心绘制，效果如图 8-11 所示。然后执行"滤镜"→"扭曲"→"旋转扭曲"命令，角度设为 182，如图 8-12 所示。

图 8-11　填充渐变

图 8-12　旋转扭曲

4）执行"滤镜"→"模糊"→"径向模糊"命令，数量设为 10，选择椭圆选框工具，羽化值为 20，从中心绘制正圆，在图层里选择添加矢量蒙版，效果如图 8-13 所示。

图 8-13　添加矢量蒙版

5）继续为图层1执行"滤镜"→"扭曲"→"旋转扭曲"命令，角度设为182。效果如图8-14所示。

6）新建一个图层，选择喷枪柔边画笔，大小为200，颜色为白色，在中心绘制。然后选择混合画笔里的星爆画笔，大小为700，颜色白色，在中心绘制。效果如图8-15所示。

图8-14 执行旋转扭曲后的效果　　　　　　图8-15 使用星爆画笔绘制后的效果

7）选择文字工具，大小为134点，字体为：方正综艺简体。输入"洁奥"，为其图层添加白色的描边样式，大小为6像素。为图层添加投影样式。效果如图8-16所示。

图8-16 文字效果

8）选择文字工具，大小为86点，字体为：方正综艺简体。输入new，并为图层添加渐变样式。新建一个图层，用自定义形状工具里的窄边圆形边框绘制一个白色的环形，为此图层添加外发光样式。再给图层添加一个蒙版，用画笔在蒙版上把白色环形的一部分画淡，如图8-17所示。

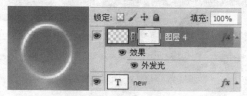

图8-17 加蒙版后的气泡效果

9）新建一个图层，用白色不透明度为90的画笔绘制两条高光。效果如图8-18所示。

10）打开光盘"素材"\"第8章"\"洗衣粉包装素材.psd"，把其他的素材移动到合适的位置，最终效果如图 8-9 所示。

图 8-18　制作倒影效果

11）复制"洗衣粉包装.psd"文件，更改文件名称为"洗衣粉包装效果.psd"。并删除包装两侧的说明部分，合并除背景以外的所有图层。将背景层解锁，用自由变换工具把背景层调整成如图 8-19 所示的效果。

图 8-19　背景变换效果

12）按<Shift>键选中两个图层，按<Ctrl+T>组合键一起自由变换缩小 80%左右。新建一个图层放在最下层，并为其添加深灰到浅灰的渐变，选中原背景层，按<Ctrl+T>组合键，单击属性栏中的 🔲 按钮，调整后的效果如图 8-20 所示。

13）用加深工具在"背景"图层应该一些凹陷的地方涂抹，调整其他图层图像的大小与"背景"层相适应。效果如图 8-21 所示。

图 8-20　自由变换效果　　　　　图 8-21　加深工具涂抹后的效果

14）用钢笔工具在高光处绘制闭合路径，确保前景色为白色，创建渐变图层。效果如图 8-22 所示。再用同样的方法绘制右面的高光。

图 8-22　为效果图加入高光

15）制作倒影。隐藏灰色的背景层，按<Alt+Ctrl+Shift+E>组合键建立快照，将快照自由变换并垂直翻转，不透明度改为 50%。移到合适位置。

16）制作阴影。载入原背景选区，羽化 20%，新建一个图层，填充黑色，改变不透明度为 50%，自由变换到如图 8-10 所示的位置。

8.2.3　课后练习

"水磨豆干包装"设计，效果图如图 8-23 和图 8-24 所示。

图 8-23　课后练习平面图

图 8-24　课后练习立体效果图

1．设计分析

设计包装一定要考虑产品的特点。本例中，由于客户要求包装要体现其悠久历史的特点，因此应用了一些中国画元素。为了体现旅游休闲食品，故用黄色作为主色调。

2．制作分析

1）导入的国画素材，运用图层混合模式叠加、并创建剪贴蒙版。

2）添加文字，导入其他的素材图片。

3）制作立体效果图。

8.3　项目三　别克汽车广告宣传海报

8.3.1　项目分析

1．本项目需掌握的专业知识

设计不同类别的广告时需注意的问题

1）宣传单，DM 单。设计时标题或广告语要引起受众的兴趣，因为宣传单已经成为商家常用的宣传手段，大众容易对宣传单产生倦怠心理。

2）海报和招贴。尺寸一般比较大而且贴在醒目的位置，所以一定要抢眼，颜色与构图要有视觉冲击力。

3）POP 广告。商场促销比较多用，颜色鲜艳，多用流行时尚的图案吸引眼球。

4）灯箱广告。颜色要鲜亮，可以在设计上多加入一些如悬念、比喻、幽默等创意元素，引发受众思考。

5）大型户外广告。主题明确言简意赅，最好让人一眼就明白要表达的意思，尤其高速公路的路牌广告，受众关注的时间可能一秒都不到，短短的时间，传达明确的意思，无论构图还是广告文案，力求简洁、直接。

6）网络广告。多运用网络流行语和流行的图片，最好能用一些话题引起病毒式的广告传播效应。

7）报刊杂志广告。商品受众面比较小的可以选择杂志广告，版面设计要精确，立意要准确要突出卖点。商品受众面广的应选择报纸广告，其构图和图片的选择要大众化一些。

2．实例分析——别克汽车广告宣传海报

"别克汽车广告宣传海报"效果图如图 8-25 所示。

图 8-25　广告实例效果图

227

汽车广告案例分析如下。

此广告是为 4S 店推出的一款新车所做的招贴广告，设计时主要考虑突出宣传新上市车型和揭示产品设计内涵的广告语。

虚拟出一个在晨曦中挑战盘山路，力克艰险，迎向光明的情境。为体现车主的进取和勇敢，选用黑暗中的盘山路为背景。为表现新车型的速度，加入光线等元素。加入光线狮子头的元素，增强招贴广告的视觉冲击力。狮子头的图形和车子跑过的山路的灯光相融合，更能增加情境的真实感。为强调广告语，给他添加金属质感的图层样式。

突出新款车型锐意进取的产品内涵。汽车作为高档消费品，在广告设计中要有与产品相一致的品位格调，才能引起认同产品内涵的消费者的购买欲望。

8.3.2　项目操作过程

1）新建文件 35cm×26cm，分辨率为 72 像素/英寸，模式为 RGB 颜色，背景为白色。

此处注意：如果作品最后用作印刷或喷绘，印刷分辨率要 300 Pdi 或更高，喷绘大图分辨率为 150 Pdi 或更低，颜色模式应调整为 CMYK。这里我们作为练习，所以选择 72 的分辨率，RGB 模式即可。

2）打开光盘"素材"\"第 8 章"\"山路.jpg"图片作为背景，调整其位置并制作模糊的背景效果。执行"滤镜"→"模糊"→"动感模糊"命令。

3）打开光盘"素材"\"第 8 章"\"汽车"图片，用钢笔工具沿汽车边缘抠图，转换成选区，将汽车拖拽到文档中，并放置到适当位置。

4）导入"素材"\"第 8 章"\"地面"图片，放置到合适位置。用钢笔工具绘制弧线，新建一个图层，路径画笔描边，画笔大小为 9，颜色为鲜艳的红色或黄色，图层混合模式是滤色。效果如图 8-26 所示。

图 8-26　直线属性设置

5）导入"素材"\"第 8 章"\"光线狮子"素材，用钢笔工具绘制一条曲线，画笔描边颜色为#faede7，为其添加外发光图层样式，外发光颜色为# e84212。

6）输入文字"加入别克车主，共鉴进取之路！"，字体为 Adobe，黑体 Std，大小 64。并为图层添加外发光、斜面浮雕和渐变叠加样式。效果如图 8-27 所示。

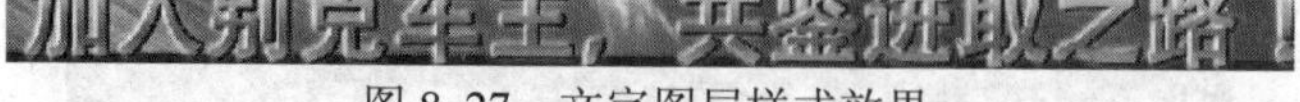

图 8-27　文字图层样式效果

7）在下方绘制黑色矩形，输入文字。效果如图 8-25 所示。

8.3.3　课后练习

房地产广告设计，如图 8-28 所示。

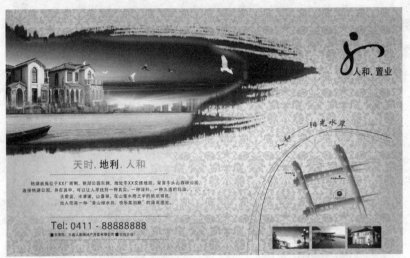

图 8-28　课后练习效果图

1．设计分析

此广告为房地产广告，通过广告需要体现出家的温馨感觉。地产商为强调自己的传统文化底蕴，希望加入传统元素。为突出地产商的和谐家园的理念，构图追求平稳，颜色倾向稳重。选用国画笔墨的浓淡干湿和现代的文字排版相结合，体现融传统文化与高科技生活于一体的楼盘建筑风格。

2．制作分析

1）新建图层填充渐变，打开"素材"\"第 8 章"\"房地产海报作业素材"组织好构图。

2）图层混合模式的运用和蒙版的应用。

3）添加图片与文字、标志等元素。注意构图的完整与均衡。

8.4　项目四　室内效果图后期处理

8.4.1　项目分析

运用 Photoshop 对三维效果图进行后期处理，因其简便、快捷、高效的特点，已被广泛应用。不论是宏大的室外建筑图还是精美的室内装饰效果，都离不开 Photoshop 的点睛之笔。在 Photoshop 中对三维效果图进行后期处理，是指对在三维软件中渲染完成的图像存在的瑕疵进行修整，增加配景物体，并通过调整全局来达到最终的效果。

1．本项目需掌握的专业知识

1）使用自由变换命令对配景物体进行缩放、透视、斜切等操作，使其与整体比例协调。

2）在 Photoshop 中创建模拟三维效果。

3）制作各种配景的倒影。

4）调整图层样式。

5）对整幅图像进行曲线、色相/饱和度、亮度/对比度、色彩平衡等参数设置，进行整体的调控。

2．实例分析——"大堂效果图的后期处理"

"大堂效果图的后期处理"效果图如图 8-29 所示。

图 8-29 最后完成的效果图

"大堂效果图的后期处理"案例分析如下。

本例是一幅在 Lightscape 中渲染完成的酒店大堂一角的效果图，很显然这是一幅半成品。离最终的完稿还有很多的工作。本实例从调入植物、人物、灯等一些配景入手，包括灯的创建，明暗的调整等，最终完成后期处理。

在具体操作步骤中通过讲解效果图处理时的一些技巧，进而对整体图像的色调进行深入调整。通过本节的学习，要求大家进一步熟练掌握 Photoshop 后期处理的操作方法和要领，以达到独立完成效果图的制作。

8.4.2 项目操作过程

制作思路：对图像增加配景物体，使用自由变换命令对配景物体进行缩放、透视、斜切等操作，使其与整体协调。制作各种配景的倒影。调整图层样式，对整幅图像进行曲线、色相/饱和度、亮度/对比度、色彩平衡等参数设置。

1．裁切图片

1）启动 Photoshop CS5，打开光盘"素材"\"第 8 章"\"大堂.jpg"图片，如图 8-30 所示。将其直接保存为"8.4.1.pds"格式文件。

2）选择 工具，在图像上拖动鼠标，调整选框至合适大小，将打开的文件按合适比例进行裁切，剪切选框调整如图 8-31 所示。在画面上双击鼠标完成剪切。

图 8-30 大堂素材图片

图 8-31 剪切图片

2. 调入配景图片，并进行"自由变换"效果处理

1）分别打开光盘"素材"\"第 8 章"\"装饰画-01.jpg"、"装饰画-02.jpg"素材图片，将其拖入到 8.4.1.pds 文件中，效果如图 8-32 所示。

图 8-32 拖入素材图片

2）执行"编辑"→"自由变换"命令，调整两幅画的大小和位置并单击鼠标右键，在弹出的快捷菜单中选择"斜切"命令，将其调整到适当的位置和大小，如图 8-33 所示。

图 8-33　调整素材图片的位置和大小

3）打开光盘"素材"\"第 8 章"\"人物-01.psd"、"人物-02.psd"图片，用与"步骤 1)"同样的方法将其拖入到 8.4.1.pds 文件中，效果如图 8-34 所示。

图 8-34　拖入人物素材

4）执行"编辑"→"自由变换"命令，调整人物的大小和位置，如图 8-35 所示。

图 8-35　调整人物的大小与位置

3．更细腻的效果处理——人物倒影效果的添加处理

1）单击人物-02 所在图层，将其进行复制。

2）执行"编辑"→"变换"→"垂直翻转"命令，并将其拖入到人物下方。

3）将"图层控制面板"中的"透明度"调整为 20%。

4）执行"滤镜"→"模糊"→"模糊"命令，将图像进行模糊处理，可根据需要重复模糊命令，如图 8-36 所示。

图 8-36 人物倒影制作

4．添加绘制配景——顶灯的制作

1）新建图层，单击"套索工具"，在目标位置框选出顶灯底面图形。

2）将当前"前景色"设置为白色，按 <Alt＋Delete> 组合键填充前景色，如图 8-37 所示。

图 8-37 绘制顶灯底部图形

3）单击"套索工具"，在目标位置框选出侧面图形。

4）将前景色设置为灰色，参数值为"R245，G244，B232"。按 <Alt＋Delete>组合键，填充前景色，如图 8-38 所示。

图 8-38 绘制顶灯的侧面

5. 配景效果制作——顶灯发光效果设置

取消选择。执行"图层"→"样式"→"外发光"命令，其参数设置如图 8-39 所示。发光顶灯效果如图 8-40 所示。

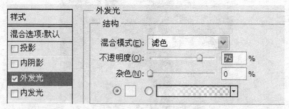

图 8-39 外发光样式参数设置

图 8-40 外发光效果

6. 花卉、盆景、顶灯等配景的调入与效果设置

1）打开光盘"素材"\"第 8 章"\"植物-01.psd"、"植物-02.psd"图片，用与"步骤 2"同样的方法，将植物拖入到画面中，调整其位置与大小，效果如图 8-41 所示。

图 8-41 加入植物

2）用同样的方法将文件"植物-03.psd"、"雕塑.psd"与"吊灯.psd"拖入到画面中。

3）按图中位置、大小调整好后，对雕塑层执行"图像"→"调整"→"色彩平衡"命令，在打开的"色彩平衡"对话框中将色阶中 3 个对话框中的值分别调整为-6；25；25，单击"确定"按钮，效果如图 8-42 所示。

4）对吊灯层执行"图像"→"调整"→"去色"命令，再适当调整其色彩平衡，其效果如图 8-43 所示。

图 8-42　色彩平衡调整后的效果

图 8-43　调整吊灯色彩

7. 整体色调与色阶效果的调整

1）选择背景层为当前图层，执行"图像"→"调整"→"曲线"命令，在"曲线"对话框中设置参数如图 8-44 所示。

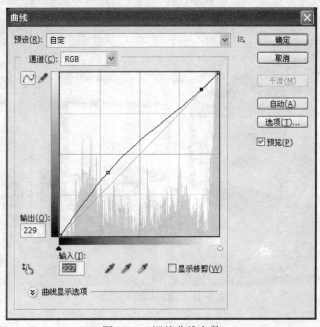

图 8-44　调整曲线参数

2）执行"图像"→"调整"→"色相/饱和度"命令，在"色相/饱和度"对话框中设置

235

饱和度参数为 40。

3）合并图层，执行"滤镜"→"锐化"→"USM 锐化"命令，其设置如图 8-45 所示。得到最终效果后，保存文件。

图 8-45　锐化命令设置

8.4.3　课后练习

打开光盘"素材"\"第 8 章"\"客厅.jpg"文件，运用本节所学知识对其进行后期处理，最终效果如图 8-46 所示。配景物体可自由选择，但注意透视与比例的关系，整体色调要和谐。

图 8-46　课后练习效果图

1．设计分析

本例是一幅在 3D 中渲染完成的家居室内客厅效果图，我们要通过对顶面、地面、墙面甚至窗外进行装饰来完成最终效果。

2．制作分析

1）调入电视、花瓶等配景物体。

2）使用自由变换命令对配景物体进行缩放、透视、斜切等操作，使其与整体协调。

3）制作配景的倒影。

4）调整图层样式。

5）对整幅图像进行曲线、色相/饱和度、亮度/对比度、色彩平衡等参数设置。

8.5　项目五　摄影作品后期处理

8.5.1　项目分析

Photoshop 在影楼后期处理中，有着举足轻重的作用。经过 10 多年的发展，现在的影楼包括摄影工作室对照片后期工作人员的要求已经不是掌握基本的 Photoshop 工具这么简单了。作为一个合格的后期人员一定要有大量的照片处理经验，对各种前期照片出现的问题都需具备丰富的解决方法。要求同学们一定要注意观察照片的问题，在学习的过程中注意举一反三。

1．婚纱摄影作品后期处理的常用方法

1）用高斯模糊或者磨皮插件进行磨皮。

2）修补、修复工具的使用。

3）各种抠图方法和通道的运用。

4）调整图层和蒙版的结合使用。

5）图层混合模式的运用。

2．实例分析——婚纱外景的后期调色

对如图 8-47 所示的图片进行调色。

图 8-47　实例素材图片

这是一张影楼简单磨皮后的照片，如果用于出片（打印、冲印），入册（装订成册）给消费者，还需要精修。

虽然影楼会有很多现成可供套用的模板，但是最好能根据自己对照片的感觉，自己对页面进行设计。设计的灵感，来源于设计者对此类设计图片的视觉积累和被修照片本身传达出的感觉。这张婚纱外景是一组海景照片中的一张，因为消费者选择这张照片入册，所以我们对这张照片精修后，再排版进其他同景别的几张照片，再加入经过设计的文字，使画面更完整，感觉更温馨。

摄影作品精修前的分析

1）已经磨皮和简单调色。

2）天空和海水色彩太灰暗。

3）沙滩的颜色不够鲜亮。

8.5.2 项目操作过程

制作思路：主要运用图层混合和蒙版进行色彩调整。

1）打开光盘"素材"\"第8章"\"婚纱外景.JPG"文件。

2）在图层面板按<Ctrl+J>组合键复制一个背景层。把复制的图层混合模式改成颜色加深。

3）为图层添加蒙版，按<【>，<】>快捷键把画笔调整到合适大小，画笔的不透明度改为30%左右，前景色为黑色，选择蒙版，在人物和颜色过暗的地方涂抹。画人物时可以把画笔的不透明度调高到100%。效果如图8-48所示。

图8-48　颜色加深效果

4）执行"图像"→"复制"命令，复制一个文件为婚纱外景的副本。将复制的文件这两个图层合并。执行"图像"→"模式"→"Lab 颜色"命令进行调整。

5）按<Ctrl＋M>组合键调出曲线面板，调整数值如图8-49所示。

6）执行"图像"→"模式"→"RGB 颜色"命令，用移动工具把调整好颜色的图层拖拽到婚纱外景文件中，并为其添加图层蒙版。

7）把画笔的不透明度改为 60%，前景色为黑色，在蒙版上把人物和沙滩擦出。效果如图 8-50 所示。

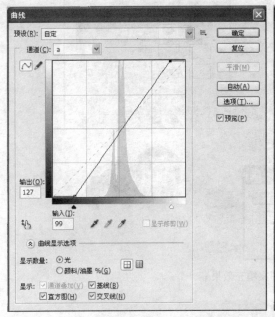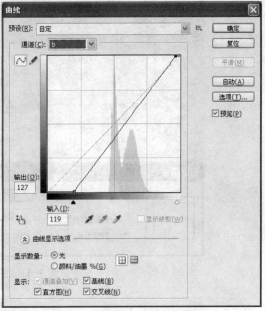

图 8-49 运用曲线调整颜色

图 8-50 画面效果及图层面板

8）用自定义形状工具绘制一个大于人物的心形路径。新建一个 3×3 像素，背景透明的文件，用矢量直线工具，展性框里选择"填充像素"，前景色白色，绘制一像素 45°倾斜的斜线，然后定义图案。

9）用路径选择工具选中心形路径，在属性栏中单击"从形状区域减去"按钮，在调节图层里选择图案填充。效果如图 8-51 所示。

10）导入"素材"\"第 8 章"\"星光.png"图片，再导入"素材"\"第 8 章"\"婚纱素材 01.jpg"、"婚纱素材 02.jpg"、"婚纱素材 03.jpg"图片，并为图片添加外边框和投影样式。最后调整文字。最终效果如图 8-52 所示。

239

图 8-51　图案填充效果

图 8-52　婚纱外景的最终效果

8.5.3　课后练习

打开光盘"素材"\"第 8 章"\"女孩.JPG"文件，结合制作分析的提示完成如图 8-53 所示的效果。

1. 设计分析

为效果图 8-53 中的模特去斑美白和贴假睫毛，给照片制作边框。

图 8-53　女孩

2．制作分析

1）复制背景层。

2）使用修复画笔工具和污点修复画笔工具对面部进行祛斑、柔肤处理。

3）新建色彩平衡调整图层，中间调色阶数值为：+3，-10，+41，阴影的色阶数值为-26，-22，-5。纠正图片的偏色。

4）按<Ctrl+Alt+~>快捷键，载入亮部区域，新建一个图层，前景色设置为白色。按<Alt+Delete>快捷键，前景色填充，再添加图层蒙版，选择柔边画笔工具，把画笔不透明度调小，在蒙板上把面部需要美白的地方擦出。

5）新建选取颜色调整图层。选取蓝色，减少青色值为-16%，增加洋红值为 100%，增加黄色值为 37%。

6）选择通道面板，创建 Alpha 1 通道。用矩形选框工具，羽化值为 10，绘制矩形选区。按<Alt+Delete>快捷键，前景色填充白色，按<Ctrl+D>快捷键取消选区。执行"滤镜"→"像素化"→"彩色半调"命令。

7）按 Ctrl 键单击 Alpha 1 通道，单击鼠标右键，选择反向，回到图层面板新建一个图层，前景色填充白色。按<Ctrl+D>快捷键取消选区。

8）在画笔预设里载入睫毛笔刷画笔，为模特添加假睫毛。